DU MEILLEUR SYSTÈME A SUIVRE

pour l'exploration

DE L'AFRIQUE CENTRALE

Berbrugger

PUBLICATION DE LA SOCIÉTÉ HISTORIQUE ALGÉRIENNE

ALGER

IMPRIMERIE DE A. BOURGET, RUE SAINTE, 2

JUIN 1860

DU MEILLEUR SYSTÈME A SUIVRE

POUR L'EXPLORATION

DE L'AFRIQUE CENTRALE

DU MEILLEUR SYSTÈME A SUIVRE

pour l'exploration

DE L'AFRIQUE CENTRALE

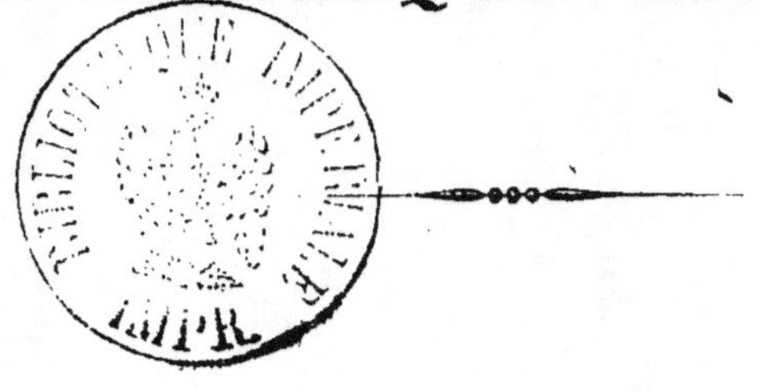

PUBLICATION DE LA SOCIÉTÉ HISTORIQUE ALGÉRIENNE

ALGER

IMPRIMERIE DE A. BOURGET, RUE SAINTE, 2

JUIN 1860

1860

INTRODUCTION.

La préface la plus convenable que nous puissions donner à cet ouvrage, c'est la reproduction, en extrait ou analyse, du procès-verbal des séances où la question du meilleur système à suivre pour explorer l'Afrique centrale a été posée et discutée. C'est ce que nous allons faire.

Dans sa réunion du 13 avril 1860, la *Société historique algérienne* mit à l'ordre du jour l'étude du meilleur système à adopter pour l'exploration de l'Afrique centrale, au point de vue des intérêts français en Algérie et au Sénégal.

Voici en quels termes M. Berbrugger, président, a développé cette intéressante question :

« Il y a quelques années, une *Société pour l'exploration de l'Afrique centrale* se forma à Alger, par l'initiative du journal *la Colonisation*. Elle a cessé d'exister sans avoir pu réaliser son programme. L'idée cependant était bonne et n'a échoué que par certaines causes accessoires et de pure forme, qui n'enlèvent rien à la valeur du fonds. Or, cette question, qui intéresse à la fois la civilisation, la science et le commerce, est, aujourd'hui plus que jamais, à l'ordre du jour et fixe, à bon droit, l'attention publique. Elle est assurément très-digne de prendre place dans le programme de nos études : d'autant plus qu'elle rentre tout-à-fait dans le cadre des travaux, tel qu'il est défini au préambule de nos statuts.

« Je dois cependant préciser avec soin les limites dans lesquelles le but spécial de notre Société renferme naturellement ma proposition, afin qu'on ne m'accuse pas de vouloir ressusciter certain programme ambitieux, dont l'avortement est venu de ce qu'il embrassait trop pour bien étreindre.

« Je demande d'abord qu'une enquête soit ouverte sur les divers modes d'exploration de l'Afrique centrale qui ont été pratiqués ou conseillés jusqu'ici, afin d'arriver à connaître, si dans la réussite de quelques voyageurs, et même dans les échecs subis par tant d'autres, il n'y a pas un enseignement utile à puiser pour une grande entreprise future.

« Je ne doute pas que de cette enquête bien faite ne sortent, par déduction logique, les éléments du meilleur plan à suivre pour explorer, avec le plus de fruit et le moins de danger possibles, l'intérieur du continent africain.

« Je demande enfin que, lorsque la Société se sera formé une conviction sur ce meilleur plan, elle use de l'influence qu'elle a pu acquérir ici et en Europe, par quatre années de travaux historiques ou géographiques, livrés régulièrement à la publicité, afin de vulgariser son programme et de s'efforcer de lui acquérir un patronage public et officiel qui en facilite la réalisation.

« En se renfermant dans les limites que je viens d'indiquer, la Société ne dépasse en rien les bornes de sa mission spéciale ; elle n'engage pas sa responsabilité morale ou matérielle au-delà de ce qui convient à son institution et de ce qui lui incombe tout naturellement.

« Elle donne enfin satisfaction à ceux qui ont souvent exprimé le regret qu'elle se renfermât dans la science pure et parût éviter toute question pratique. Certes, la Société a eu raison lorsqu'elle s'est préservée d'excursions inopportunes dans les choses qui ne lui semblaient pas de son domaine, mais elle sera heureuse, néanmoins, de trouver une occasion où, sans en sortir, elle pourra se mêler un instant et avec fruit au courant des questions actuelles.

« Sans prétendre rien préjuger sur les résultats de l'enquête proposée, je puis placer ici quelques détails qui donnent une idée précise de sa nature et de ses résultats probables.

« Depuis le courageux voyageur qui, seul, à l'exemple de

Réné Caillié, s'élance à la découverte des contrées du centre de l'Afrique, jusqu'à la formidable caravane imaginée et préconisée par M. le docteur Bodichon, il y a bien des variétés de modes d'exploration.

« Prenons d'abord l'homme isolé et livré à ses seules ressources personnelles. C'est le cas où s'est trouvé le voyageur français dont je viens de parler et beaucoup d'autres encore.

« Les inconvénients de ce système sont d'une extrême évidence. Quelque instruit qu'on suppose le voyageur, il ne peut tout savoir, et, fût-il une encyclopédie vivante, la somme d'activité qu'un homme peut accorder à l'observation, avec la vie fatigante qu'il faut mener dans de pareilles entreprises, ne lui permet pas de s'occuper suffisamment de tous les sujets d'étude qui se présentent sur ses pas.

« Si, d'ailleurs, il vient à mourir en route, chance malheureusement trop probable dans les excursions africaines, — le fruit de ses travaux risque d'être perdu à tout jamais pour la science, ou du moins pour fort longtemps. Vous avez entendu notre savant collègue; M. Mac-Carthy, en nous traçant l'historique des explorations du Niger, constater tout à l'heure que, par la mort de Mungo-Park et la perte de ses papiers qui en fut la conséquence, la connaissance de ce bassin si intéressant fut ajournée de près de soixante ans.

« Tout en proclamant l'immense mérite des voyageurs isolés, ces courageux éclaireurs de l'exploration africaine ; tout en reconnaissant que leur œuvre était peut-être la seule qu'il fût possible d'entreprendre au début, il doit être permis aujourd'hui, grâce à des circonstances plus favorables, de rechercher un mode plus efficace et plus sûr d'investigations géographiques en pays barbare et inconnu.

« Laissant de côté le mode mixte, ou plusieurs hommes dévoués, réunis, résument plus ou moins complétement l'ensemble des connaissances exigibles pour de semblables entreprises et marchent avec un accord plus ou moins satisfaisant, arrivons à l'exploration vraiment collective.

« On serait tenté de la condamner tout d'abord, si l'on s'arrêtait à quelques échecs éclatants qui sont encore de l'histoire contemporaine. Mais cette fin de non-recevoir serait souverainement injuste, ainsi que j'espère le démontrer bientôt.

« Les échecs dont on pourrait se faire une arme contre le mode collectif tiennent à des causes qu'il semble facile d'éviter. Ce sera dans certains cas, le mauvais choix du chef, et presque toujours une vicieuse organisation, qui contient des germes d'antagonisme fatal, entre ceux qui doivent obéir et celui qui a le droit de commander.

« Car le commandement unique et indiscutable est de toute nécessité dans une caravane africaine, où il y a fréquemment de graves décisions à prendre avec rapidité et à exécuter avec énergie, dans les dangers actuels qui surgissent, ou en prévision de ceux dont la menace pour l'avenir se révèle clairement.

« Mais plus le chef unique, absolu, est inévitable, plus il faut qu'il soit bien choisi et que ses rapports avec ses subordonnés soient définis clairement et réglés de telle sorte que le commandement soit toujours ce qu'il doit être comme fond et comme forme et que la désobéissance n'ait aucun prétexte ni même aucune chance de se produire.

« Je suppose, — pour rendre ce qui précède plus compréhensible, — une caravane scientifique composée d'hommes éminents dans les principales branches des connaissances humaines. Un d'eux a été donné pour chef aux autres, ainsi que cela s'est vu quelquefois. Il est évident qu'à la première difficulté, à la première circonstance grave, les subordonnés, qui au fond se sentent ou se supposent les égaux de celui qui est accidentellement leur supérieur, lui discuteront le droit de commander et en viendront même à la révolte ouverte, dès qu'ils auront pénétré dans les régions inexplorées, où les différents freins qui les soutenaient en Europe, perdent toute leur force, par le seul fait de l'éloignement. Il n'y a pas bien longtemps que, par cette cause, une entreprise scientifique, qui s'était montée à grands frais et à grand bruit, s'est dissoute, avant même d'avoir commencé ses opérations essentielles.

« Mais ne serait-il pas facile d'éviter ce grave inconvénient, en laissant au chef suprême de l'expédition le soin de choisir ses collaborateurs : de simples secrétaires, qui devraient être alors des jeunes gens instruits, mais ayant à se faire une réputation — et non une réputation toute faite ? On sent que dans ce cas, l'obéissance perdrait toute apparence humiliante, et que le commandement n'aurait plus la chance d'être sérieusement discuté.

« Pour terminer, je ferai observer à la Société, que la position occupée par beaucoup de nos correspondants sur divers points de l'Algérie, et notamment dans le Sud, les connaissances qu'ils possèdent sur les contrées méridionales, directement ou par leurs relations avec les indigènes, leur permettront de nous aider efficacement dans le travail que je propose, et qui a pour but d'arriver à la solution pratique d'une question fort controversée jusqu'ici ; ainsi que vous pouvez le voir en ce moment même, par les articles sur ce sujet, qui sont en voie de publication dans l'*Akhbar*. »

Après quelques observations de M. Mac-Carthy, sur l'insuffisance de nos données géographiques, relativement au centre de l'Afrique, sur le peu d'importance des relations commerciales à établir avec le Soudan, et la presque impossibilité de les établir, M. le Président rappelle les termes de sa proposition, telle qu'elle se trouve résumée plus haut.

Cette proposition, mise aux voix, est unanimement adoptée.

La société décide, en outre, qu'un extrait du procès-verbal de la présente séance, contenant la proposition développée de son président, sera adressée au journal l'*Akhbar*, avec prière de l'insérer ; elle exprime aussi le désir que les journaux de la colonie et ceux de la métropole qui s'occupent des questions africaines, veuillent bien reproduire cette insertion, sinon en entier, du moins par analyse (1). Cette publicité permettra, non seulement à nos correspondants, mais à toutes les personnes studieuses qui s'intéressent à la question, de connaître la décision prise par la Société et d'aider à la solution par des renseignements qui devront être envoyés à son président. Cet appel s'adresse surtout à ceux qui, se trouvant dans les positions avancées au Sud, sont plus particulièrement à portée de fournir des données pratiques sur la matière.

Dans sa séance du 8 juin, à laquelle M. Levert, Préfet d'Alger, assistait, la Société approuve la proposition faite par M. le Président de faire insérer les trois rapports relatifs à la question de l'Afrique centrale, dans le journal l'*Akhbar*, et d'en faire faire un tirage à part, ce qui permettrait de donner à ces travaux la plus grande publicité possible avec le moins de dépense.

MM. Wayssettes, Berbrugger et Cocquerel donnent ensuite lecture des rapports que chacun d'eux avait la mission de rédiger. La discussion s'ouvre sur ces différents mémoires.

M. le Préfet énumère quelques difficultés qui pourraient surgir de l'établissement de résidents français dans les contrées au Sud de l'Algérie, en dehors de notre domination. Il se demande si l'exploration du pays ne doit pas précéder leur institution; et il craint que la France ne se trouve engagée au-delà de ce qui pourrait lui convenir dans le cas où ces fonctionnaires seraient lésés dans leurs intérêts ou insultés par des populations indépendantes. Le recrutement de ce personnel lui paraît, d'ailleurs, présenter des diffi-

---

(1) Le *Moniteur de la Colonisation*, est, à notre connaissance, le seul journal qui ait répondu à cet appel désintéressé sur une question d'intérêt général. Nous l'en remercions bien vivement : et nous regrettons beaucoup de n'avoir pas les mêmes remercîments à adresser à d'autres organes de publicité qui, plus que la feuille parisienne, devaient se croire obligés de nous prêter leur concours.

cultés considérables, car il faut, dans des postes semblables, des hommes d'une vigoureuse organisation physique et morale, des hommes dévoués et connaissant à foud les indigènes.

MM. Cocquerel, Bresnier, Berbrugger, Durando, etc., reprennent ces objections une à une. Tous reconnaissent qu'il sera difficile de trouver des hommes qui conviennent parfaitement à ces fonctions ; cependant, cela ne leur paraît pas impossible.

M. Berbrugger cite à cette occasion des officiers de l'armée d'Afrique qui sont restés pendant plusieurs années dans des positions analogues et qui s'en sont parfaitement tirés. Il ne s'agit donc que de bien choisir.

Il fait observer ensuite qu'il n'est pas indispensable de donner un caractère officiel à ces agents. On peut confier à de simples voyageurs la mission d'explorer certains points du Sud, où nous avons intérêt à exercer quelque influence, leur accorder un subside convenable en leur imposant l'obligation de rester deux ou trois ans dans l'oasis ou la contrée qui leur aura été assignée. Cela lui semble tout concilier.

M. Durando rappelle que, de tous les Européens, les médecins sont ceux que les musulmans accueillent le plus volontiers. Les études auxquelles le médecin doit se vouer le font tout-à-fait propre aussi à rendre de grands services scientifiques dans une mission de ce genre. Il lui semble que c'est surtout dans cette classe qu'il faut chercher des candidats.

M. Cocquerel est d'avis que l'institution des résidents doit précéder toute exploration faite sur une grande échelle. Placés aux avants-postes de la civilisation européenne, ils seraient en excellente position de recueillir les renseignements les meilleurs et les plus abondants. Ils offriraient à nos voyageurs d'utiles points d'appui et de précieuses étapes où ceux-ci seraient toujours sûrs de trouver sympathie, aide, protection, et où ils se retremperaient pour continuer leurs courses aventureuses.

Après ces préliminaires, nous allons donner les trois rapports de MM. Vayssettes, Berbrugger et Cocquerel. On y trouvera résumés et mis en relief tous les éléments principaux de la question. Les conclusions auront leur place naturelle à la suite de ces trois mémoires.

Nous ne terminerons pas cette introduction sans exprimer toute notre gratitude à M. Bourget qui a ouvert si libéralement ses colonnes aux travaux de la Société.

Pour la Société historique algérienne,

Le Président,

A. BERBRUGGER.

PREMIER RAPPORT.

DES SYSTÈMES PARTICULIERS D'EXPLORATION SUIVIS PAR LES DIVERS VOYAGEURS.

Messieurs,

Il y a soixante-dix ans, environ, que, sous l'inspiration d'une des idées les plus fécondes que la philanthropie du 18ᵉ siècle ait enfantées, celle de l'abolition de la traite des noirs, une société se constitua à Londres dans le but d'explorer l'Afrique centrale. Sa pensée était qu'en étudiant sur place le pays appelé, à si juste raison, un vaste entrepôt de chair humaine, elle arriverait plus facilement et plus sûrement à préparer les voies qui devaient amener l'extinction du commerce infâme qui, de temps immémorial, s'exerçait dans ces contrées inconnues, sous la raison sociale de l'exploitation de l'homme par l'homme.

Cette société prit le nom d'*Association africaine* et, depuis sa fondation qui date de 1788, elle n'a cessé de poursuivre avec un zèle, une persévérance au-dessus de tout éloge, son œuvre tout à la fois humanitaire, scientifique et commerciale.

A son appel, elle a vu accourir ces apôtres de l'idée nouvelle, hommes de dévouement aventureux, d'indomptable énergie, à la trempe d'acier, qui, depuis Ledyard jusqu'à l'infortuné Vogel, sont venus tour à tour inscrire leurs noms sur le martyrologe des explorations africaines.

Entre tous ces vaillants athlètes de la propagande humanitaire et scientifique, la France, nous devons le dire, bien qu'il nous en coûte, ne compte encore qu'un seul champion. Il est vrai que celui-là a obtenu, avec les seules ressources de son génie aventureux soutenu par une volonté de fer, un

résultat qui peut encore aujourd'hui passer pour un pro-
dige. Mais cette gloire unique ne saurait suffire à une nation comme la France, et puisque désormais ses intérêts
sont irrévocablement liés à ceux du continent africain, elle
doit chercher à ses investigations civilisatrices d'autres hori-
zons, de nouveaux débouchés à son expansion commerciale.
Si, comme nous l'affirme le docteur Barth, le bruit de nos
succès militaires en Algérie a porté jusque sur les rives du
Niger l'effroi de notre nom, il faut aussi faire briller aux
yeux de ces peuples sauvages la lumière du progrès social,
et les faire participer aux jouissances des produits de nos
arts et de notre industrie. Sentinelles avancées de la civilisation sur le plateau central africain que nous étreignons à
ses deux points extrêmes, dans sa partie jusqu'à ce jour la
moins explorée, nous avons tout intérêt à ne pas différer
plus longtemps de percer cette nuit obscure qui, de l'Algérie
au Sénégal, s'étend sur tout cet immense pays de parcours,
comme le voile qui recouvre le visage de ses sombres et re-
doutés habitants.

Vous avez vous-mêmes parfaitement compris, Messieurs,
tous les avantages qui pouvaient résulter de telles découvertes, lorsque, sur la proposition de notre président, vous avez
mis à l'ordre du jour l'étude d'une exploration dans l'Afrique
centrale. C'est ainsi qu'abandonnant pour un instant les données pures de la théorie, pour entrer dans le demaine des
faits pratiques, vous avez voulu par vos travaux concourir,
autant qu'il était en vous, à l'œuvre capitale qui en ce moment occupe si vivement l'opinion publique.

Si j'ai bien compris la portée de la question que j'étais appelé à traiter, il fallait étudier l'un après l'autre et puis dans
leur généralité, tous les systèmes c'est-à-dire l'ensemble des
moyens pratiques mis en œuvre par les voyageurs qui ont
exploré jusqu'ici l'Afrique centrale. Ces systèmes, je ne pou-
vais les mettre bien en lumière qu'en dépouillant la narration
des divers explorateurs de tous les faits qui ne se rattachaient

pas d'une manière directe à mon sujet. Mais aussi je devais rechercher toutes les causes physiques ou morales, inhérentes aux personnes comme au pays lui-même, qui ont contribué au succès ou aux échecs des explorations antérieures.

J'ai terminé cet exposé en donnant, pour ainsi dire, le prix de revient de quelques-unes de ces expéditions et en le faisant suivre d'une liste des divers articles offerts en présents par les voyageurs.

Je dois enfin ajouter que, dans tout ce travail, je me suis beaucoup aidé de l'excellent ouvrage, *le Niger et les explorations de l'Afrique centrale*, publié en 1858 par M. de Lanoye; que j'ai même emprunté plusieurs de mes jugements à cet auteur qui, dans un résumé, aussi complet par le fond qu'attrayant par la forme, a tracé une large esquisse de tous les voyages entrepris dans la partie septentrionale du continent africain, depuis Mungo Park jusqu'au Dr Barth.

Je dois aussi des remerciements à M. Mac-Carthy qui, désirant me venir en aide, autant qu'il lui était possible, au milieu des préparatifs d'un prochain départ, a bien voulu me confier le manuscrit de sa traduction où sont relatés les divers chapitres que le célèbre voyageur dont je viens de parler à consacrés à Tombouctou. Espérons que le public sera bientôt appelé à jouir du même bénéfice.

Partie historique

LEDYARD.

Le premier missionnaire scientifique envoyé par l'Association de Londres sur cette terre d'Afrique, qui devait dévorer tant de nobles victimes, fut l'intrépide voyageur américain Ledyard.

Préparé à tous les dangers, à toutes les fatigues que présentent de semblables entreprises, par divers voyages exécutés autour du monde, dans l'Amérique septentrionale, dans le Nord de l'Europe et de l'Asie, il l'était peu pour résister au climat meurtrier des tropiques et surtout pour s'astreindre aux interminables lenteurs des peuples africains.

Le 19 août 1788, il arrivait au Caire qui devait être son point de départ pour traverser de l'Est à l'Ouest le diamètre entier de l'Afrique, par les latitudes présumées du Niger. Sa mort survenue peu après son arrivée, *le délia*, comme il l'avait dit lui-même, de ses *obligations*. Les entraves et les délais sans nombre apportés au départ de la caravane à laquelle il devait se joindre, et aussi, sans doute, la chaleur du climat, allumèrent dans son sang une fièvre bilieuse qui termina son aventureuse carrière.

LE MAJOR HOUGHTON.

Ce premier échec ne devait point ralentir les efforts de l'*Association*, ni décourager les vaillants athlètes de l'idée qu'elle avait prise sous son illustre patronage.

Dès 1791, le major Houghton, familiarisé par un long séjour dans le Maroc, avec les mœurs, la langue et le caractère des musulmans, prenait *seul* terre à Pisania, petit village sur la Gambie, et de là, marchant au Nord-Est, franchissait le Sénégal dans le royaume de Kasson. Mais il paraît qu'au-delà de ce fleuve, une pacotille de marchandises, telles que toile peinte, draps d'écarlate, coutellerie, rassades, ambre, corail, etc., dont il s'était embarrassé en dépit des conseils de ses amis d'Angleterre et de sa première conviction, devint un objet perpétuel de couvoitise pour les naturels du pays, un objet d'embarras et de dangers pour lui-même. Arrivé à deux journées au delà de Jarra, dans la coutrée des Oulad-Mbarek, il fut pillé et abandonné par les Maures qui lui servaient de guides. Seul, à pied, manquant de tout, il se traîna à grand peine jusqu'à Jarra, où il périt victime de la barbarie des habitants, qu'on accuse de l'avoir assassiné ou, tout au moins, de l'avoir laissé mourir de faim.

MUNGO PARK

1er voyage.

L'*Association*, affligée, mais non découragée par la triste fin d'Hougton, s'occupa sans délai de lui chercher un successeur. Ce fût l'Ecossais Mungo Park, médecin distingué, versé dans l'étude de l'astronomie, de la géographie et de l'histoire naturelle, et qui venait d'accomplir un voyage aux Indes-Orientales.

Parti de Portsmouth le 17 mai 1795, il prit, comme le major Houghton, son point de départ à Pisania où les Anglais avaient un comptoir. Là, il employa cinq mois à s'acclimater et à apprendre la langue mandingue. Le 5 décembre, il se mit en route monté sur un cheval, et n'amenant avec lui qu'un interprète et un domestique montés sur des ânes. Son bagage consistait en un petit assortiment de verroterie, d'ambre et de tabac qu'il devait troquer contre des vivres le long de la route. Il avait en outre un peu de linge pour son usage, un parasol, un petit quart de cercle, une boussole, un thermomètre, deux fusils, deux paires de pistolets. Il eut soin de s'adjoindre à des marchands qui avaient des intérêts sur la côte et qui devaient veiller à sa sûreté avec d'autant plus de soin, qu'ils avaient à craindre de ne pouvoir revenir jamais sur les bords de la Gambie, s'il lui arrivait quelque chose de fâcheux.

Vingt jours après, il entrait à Fatteconda, capitale du Bondou, et n'obtenait du prince alors régnant la permission de traverser ce territoire, qu'au prix de son parasol, de quelques autres de ses effets et d'un habit bleu tout neuf, aux boutons dorés, que, par surcroît de précaution, il avait revêtu, le croyant plus en sûreté sur ses épaules que dans sa malle. L'avidité du prince noir déjoua ce petit calcul. — « Mais, nous dit-il lui-même, j'étais bien loin d'en avoir fini « avec les exigences cupides, l'arbitraire et les avanies des « princes et principicules africains. »

En effet, à Joag, dans le royaume de Souinkès, il est obligé, pour échapper aux émissaires du roi, de les séduire, en leur abandonnant la moitié de ce qu'il possède. Dans le Kasson, il n'achète la protection du prince qu'au prix de seize *barres* de marchandises (environ 900 francs) et d'un peu de poudre et de plomb. C'est ainsi qu'il arrive à Jarra, cette ville inhospitalière où trois ans auparavant avait si misérablement péri le major Houghton.

Ici, tous ses compagnons de route, jusqu'à son interprète, refusent de le suivre sur le territoire des Maures, l'assurant qu'on n'y pouvait trouver que la captivité ou la mort. Demba, son fidèle serviteur, déclare cependant vouloir partager sa destinée, et seul avec lui, sous la conduite d'un esclave envoyé par le cheïkh de Ludamar (lisez Oulad-Mbarek), Park s'avance vers Goumba. Malgré ce sauf-conduit vivant, à la traversée de chaque village, de chaque douar, il est l'objet des insultes et des outrages de ces populations d'esclaves abrutis et de maîtres féroces. Son sang-froid ne leur donnant aucun prétexte pour l'attaquer ouvertement, ils le pillent autant qu'ils peuvent à la dérobée, par la raison seule qu'il est chrétien. Enfin, il va mettre le pied dans le Bambara, quand il est arrêté et fait prisonnier par des cavaliers chargés de la part d'Ali, roi résidant à Binaoum, de le ramener mort ou vif.

Arrivé à la cour de ce potentat, on le conduit un beau matin sous la tente d'Ali, où se trouvent pêle-mêle étalés sur une natte la partie des bagages qu'il avait, lors de leur séparation, confiés à son interprète nègre pour les rapporter à Pisania ; des livres, des papiers, quelques effets, ainsi que la montre, l'or, l'ambre et la boussole qui lui avaient été antérieurement enlevés sur sa propre personne. La boussole excitait surtout l'attention du monarque et éveillait en lui des craintes superstitieuses. Elle cachait, à son avis, quelque mystère magique. Mungo-Park lui ayant dit que cette aiguille, toujours dirigée vers le Grand Désert, lui indiquait le lieu où se trouvait sa mère, il se hâta de la lui rendre, comme un instrument trop dangereux à conserver.

Dans sa captivité, ses impitoyables maîtres voulurent tour à tour l'utiliser soit en le chargeant du nettoyage et de la réparation des fusils délabrés, soit en lui destinant l'emploi de barbier de la cour. Mais il s'acquitta si mal de toutes ces fonctions, qu'on résolut sa mort. Ce qui lui procura quelques soulagements et adoucit un peu l'âpreté de ses rapports avec ses geôliers, ce fut l'étude de l'arabe, à laquelle il se livrait depuis quelque temps. Les leçons de lecture et d'écriture qu'il acceptait de ces barbares, flattaient singulièrement leur orgueil et la haute idée qu'ils ont de leur supériorité intellectuelle. En se prêtant de bonne grâce à ce petit jeu de vanité, il parvint à assoupir un peu les sombres colères qui grondaient autour de lui. La protection de la femme d'Ali lui fut aussi d'un très grand secours.

Quand enfin, à la suite d'une attaque dirigée contre Jarra par un parti ennemi, il parvint à rompre ses liens, il n'avait plus que deux mouchoirs, deux chemises, deux caleçons, un gilet, une veste, une montre, une boussole, un chapeau et une paire de bottines.

Après une course de trente six heures à jeûn, il est recueilli, ainsi que son cheval, par une bonne vieille négresse dont il paie l'hospitalité en se dessaisissant de l'un de ses deux mouchoirs. Dans sa fuite, il a bien soin de ne s'arrêter qu'auprès des flaques d'eau fréquentées par les bergers Foulahs, pauvres et bonnes gens, qui gardent fidèlement les traditions de l'antique hospitalité pastorale. C'est ainsi qu'en s'entourant des plus minutieuses précautions, il parvient à surmonter des obstacles qui semblent presque invincibles, et qu'il atteint Waoura, petite ville dépendante du Bambara, où il se trouvera désormais à l'abri de la tyrannie des Maures, ces odieux brigands du grand désert, comme il les nomme avec raison.

Le voilà maintenant se dirigeant à grandes marches vers le Niger, ce fleuve mystérieux dont il brûle de percer le voile qui depuis six mille ans enveloppe les rives de son cours majestueux. A la vue de cette nappe d'eau roulant sa masse sombre au milieu d'une végétation luxuriante, il oublie ses fatigues, les tortures morales et les souffrances physiques qui l'ont si souvent éprouvé.

Il arrive bientôt sous les murs de Ségo, la vaste capitale du Bambara, construite sur la rive droite du Niger. Mais, ici, un nouvel embarras se présente. Quel cadeau offrir à ces despotes de la terre des Noirs que l'on n'aborde que le front dans la poussière ou la main chargée de présents ? Mungo Park n'a plus rien. Il vient de céder deux des quatre boutons de sa veste à une bonne négresse qui l'a reçu, alors que tous le repoussaient. Aussi, se voit-il impitoyablement refuser l'entrée de la ville. Cependant, en lui signifiant cet ordre, le messager du roi lui remet de sa part comme marque de sa munificence royale, cinq mille cauris, environ 25 francs, somme minime en apparence, mais d'une valeur relative assez considérable, puisque, comme le fait observer Mungo

Park, cent de ces petites coquilles suffisent dans ce pays pour faire vivre un homme et son cheval pendant 24 heures.

Avec ce secours inattendu, il continua à longer le fleuve jusqu'à Silla. Mais alors, malade, brisé de fatigue, à bout d'efforts et de ressources, il dut, en présence du fanatisme toujours croissant des Maures, retourner sur ses pas et regagner les bords de la Gambie. Soupçonné par les chefs d'être un espion, pris fréquemment pour un Maure par les Nègres, repoussé de tous comme chrétien, homme blanc, mangeur d'œufs crus (croyance singulière répandue dans tout le Soudan, ainsi que le confirmera plus tard le Dr Barth) il n'avait pour se sustenter que le blé glané le long du chemin, à moins que la superstition n'engageât quelque Nègre à échanger une poignée de riz ou une jatte de lait contre le *saphi* (sentence ou prière destinée à servir d'amulettes ou de grisgris) d'un homme blanc. C'est encore à un respect superstitieux qu'il dut, dans une rencontre critique, de se voir rendre sa boussole et son chapeau qui contenait ses papiers, par des coupeurs de route qui ne lui laissèrent en outre qu'une chemise et un pantalon.

Dans ce complet dénuement, il sent son courage l'abandonner. Il est convaincu qu'il n'a plus qu'à s'étendre par terre et à mourir. La religion, ce suprême consolateur des agonisants, vient alors à son aide et le ranime. A ses pieds croissent de petites herbes en fleur. Il les examine, il implore pour lui cette providence qui prend soin d'un si chétif objet, et, repoussant le désespoir et les défaillances de la fatigue et de la faim, il se relève et marche en avant.

Le soir même, il atteignait Sidiboulou, bourgade frontière du pays des Mandingues, où le chef de la cité lui faisait restituer quelques jours après son cheval et les effets dont il avait été récemment dépouillé. Mais son cheval ne pouvait plus le servir. Il le laissa à son hôte, un bon pédagogue de Wonda qui lui avait prodigué tous ses soins, et la selle et la bride furent données en cadeau au chef de la tribu.

C'est avec un petit sac sur le dos renfermant le reste de
ses effets, et les pieds chaussés de sandales taillées dans les
tiges de ses bottes, qu'il regagna, tantôt seul, tantôt en compagnie de marchands d'esclaves, la ville de Pisania où il
arriva le 10 juin 1797, c'est-à-dire deux ans environ après
en être parti. Sa mission avait eu un plein succès ; mais,
au prix de quels sacrifices et de quelles souffrances ? Lui seul
a pu nous le dire dans la relation qu'il a laissée de ce premier voyage.

MUNGO PARK.

2e voyage.

1805.

La relation du célèbre voyageur, publiée au commencement de ce siècle, enflamma les esprits d'une ardeur nouvelle pour les découvertes. Le gouvernement anglais résolut
d'envoyer une expédition considérable en Afrique et en confia la direction à Mungo Park. Son plan cette fois consistait
à aller, non plus seul et avec le bâton de pèlerin, mais avec
une escorte suffisante, pour imposer sur tout le parcours le
respect des personnes et des bagages, reprendre l'exploration
du Niger au point même où il avait dû l'abandonner en
1797 ; puis, après avoir construit en cet endroit une embarcation capable de le porter, ainsi que toute sa suite, à s'y
abandonner au cours du fleuve.

Le gouvernement britannique acquiesça libéralement à
toutes ses demandes, lui ouvrit un crédit de 50,000 livres
sterling (1,250,000 fr.), donna ordre aux commandants des
comptoirs et des forts anglais de la Sénégambie, de fournir au
voyageur le nombre de soldats et d'ouvriers dont il aurait
besoin, et enfin lui promit une récompense nationale après
l'accomplissement de sa grande entreprise.

Ayant quitté l'Angleterre au commencement de 1805, il

arriva à la fin de mars à Gorée, sur la côte occidentale de l'Afrique, où il employa un mois au choix des personnes qui devaient l'accompagner, à l'achat des ânes nécessaires au transport de ses bagages et qu'il fit venir des îles du Cap-Vert, où ces animaux sont plus forts et plus robustes que sur le continent ; à l'acquisition des objets propres à faire des échanges ou des présents. Outre trente soldats européens, six ouvriers, charpentiers ou forgerons, et un nombre de nègres suffisant pour conduire ses bêtes de somme, il emmenait avec lui, comme confidents et au besoin comme héritiers de ses plans, un lieutenant anglais nommé Martyn et son propre beau-frère, le D⟨r⟩ Anderson. Enfin, il avait pris pour guide un juif africain, du nom d'Isaac, qui s'était engagé à conduire la caravane jusqu'à Ségo. Son point de départ fut encore Pisania, et le 4 mai lui et son escorte purent définitivement s'acheminer vers l'intérieur du continent.

« Aucune expédition aussi bien organisée, nous dit M. de
« Lanoye, n'avait encore pénétré en Afrique au nom de la
« science ; aucune ne devait être aussi malheureuse ; dès les
« premiers pas, tout lui devint obstacle : ses riches bagages
« qui éveillèrent la cupidité des roitelets africains et l'avidité
« besogneuse de leurs sujets ; ses nombreuses bêtes de
« somme, qui attirèrent sur leur piste les animaux de proie ;
« la composition de son escorte, tout européenne et par con-
« séquent peu préparée aux fatigues et aux dangers du
« climat d'Afrique ; enfin et surtout l'arrivée prématurée des
« pluies qui trompa les prévisions de Park.

En effet, à peine parvenus dans le Bambouk, ils sont assaillis par les orages. Bientôt, la moitié des hommes se trouve indisposée et incapable d'aucun effort. Chaque jour, la maladie jointe à la fatigue, à travers un terrain détrempé, des sentiers ravinés, enlève un des blancs de la caravane. Les naturels remarquant la situation difficile des voyageurs, en profitent pour dérober tout ce qui n'est pas soigneusement gardé, au point que Park doit repousser la force par la force

Six semaines après le départ, la caravane était diminuée de moitié. Les vigoureux baudets achetés aux iles du Cap-Vert, avaient succombé. Des trente-six Européens, sept seulement lui restaient et, au moment où il allait s'embarquer sur le *Niger*, il eut la douleur de perdre son parent et son ami, Anderson, perte qui lui arracha le premier cri de découragement que contienne son journal; mais son enthousiasme et son dévouement au but qu'il poursuivait, furent plus forts que tout sur cette grande âme.

Parvenu dans le royaume de Bambara, il put cette fois acheter par de nombreux présents, la protection du roi de Ségo : mais il n'obtint pas davantage la permission d'entrer dans cette capitale, la croyance étant, dit M. Raffenel, chez les princes Kaartans, qu'ils ne sauraient se laisser voir par un blanc sans s'exposer au *maucais œil et encourir malemort*.

A Sansanding, il parvint à construire un canot avec le prix d'une partie de ses marchandises, dont la vente et le bon marché excitèrent fort la jalousie de tous les marchands Maures du Bambara. Enfin, six mois et demi après son départ de Pisania, cet illustre voyageur se sépara de son guide Isaac, dont il avait su apprécier les services incontestables, et après l'avoir chargé de porter aux établissements anglais ses lettres et son journal, il s'abandonna définitivement au courant du fleuve. Ils n'étaient plus alors que neuf personnes en tout : Park, Martyn, trois autres blancs, trois esclaves et le nouveau guide.

Les rapports postérieurs recueillis sur la fin tragique de ces glorieux débris de l'expédition, n'ont pas encore été bien élucidés et ne le seront probablement jamais. Au dire d'Amadi-Fatouma, le guide qui avait succédé à Isaac, l'embarcation aurait péri corps et biens sur la cataracte de Boussa, après avoir subi une vive attaque de la part des riverains. Mais cette version a été contredite quarante ans plus tard par un vieillard qui avait été témoin oculaire du désastre et qui l'attribue, non aux récifs qui à Boussa entravent la navigation du fleuve, mais à la trahison de ce guide lui-même, et à une attaque à main armée du roi d'Yaourie, chez lequel vingt-cinq ans après, les frères Lander retrouvèrent la plupart des armes et même l'épée de Mungo Park.

Quoi qu'il en soit de ces divers récits, l'Europe ne revit plus le voyageur qui le premier avait ouvert au commerce des peuples civilisés une voie nouvelle, celle du Niger.

Le fruit de tant de travaux accomplis et de périls surmontés fut momentanément perdu pour la science ; mais il devait se trouver encore des âmes assez courageuses pour poursuivre et mener à bonne fin une œuvre si bien commencée.

Dans l'intervalle qui sépare les deux expéditions de Mungo Park, plusieurs voyageurs sont envoyés par l'*Association*, hommes intrépides, sans doute, mais dont l'apparition sur le théâtre des explorations africaines ne servit guère qu'à grossir le nombre des victimes du sol ou des habitants. Nous allons les nommer par ordre de date. Ce ne sera par malheur qu'une liste nécrologique.

Hornemann, jeune savant d'Allemagne, prit l'Egypte pour point de départ et arriva des bords du Nil jusqu'au Fezzan. Les dernières nouvelles qu'on en ait reçu en Angleterre étaient datées d'avril 1800 et annonçaient qu'il allait partir pour le Bornou. Depuis cette époque, on n'a plus entendu parler de lui.

En 1805, l'Anglais Nicholls débarque sur la côte du vieux Calabar et succombe bientôt aux fièvres endémiques du pays.

En 1809, le docteur allemand Roetgen lui succède. Possédant parfaitement la langue arabe et ayant adopté entièrement le costume et les usages de l'Orient, il voulait se faire passer pour un musulman et accompagner la caravane qui chaque année se rend du Maroc dans le Soudan. Parti de Mogador au mois de juillet 1809, il périt dépouillé et assassiné quelques jours après par ses compagnons de route.

TUCKEY ET PEDDIE.

En 1816, deux expéditions furent organisées par l'amirauté anglaise et l'*Association africaine*. L'une, commandée par Tuckey, devait remonter le Zaïr, fleuve du Congo qui, selon une conjecture erronée adoptée d'après Mungo Park, était identique au Niger. L'autre, partant des côtes de la Sénégambie sous le capitaine Peddie, avec une suite de cent hommes, devait descendre le Niger et se rencontrer ainsi avec la première.

Une telle tentative, d'ailleurs irréalisable, n'eut d'autre effet qu'un double désastre. Des cinquante Européens entrés dans le Zaïr, un seul échappa aux fièvres mortelles du pays et revit l'Angleterre. Quant à l'expédition commandée par Peddie, découragée dès ses débuts par la mort de ce capitaine, puis arrêtée par la guerre civile qui désolait alors cette contrée montagneuse, elle dut bientôt, après s'être avancée à cinquante lieues du littoral, rebrousser chemin. Elle n'eut pourtant à regretter que la perte d'un homme sur cent. Campbell, qui avait succédé à Peddie, ne put survivre à cet insuccès, et mourut sans avoir rien accompli.

LE MAJOR GRAY

1817.

Les débris de cette dernière expédition, réorganisés l'année suivante à Sierra Leone, furent placés sous les ordres du major Gray.

Le gouvernement anglais n'épargna ni soins ni argent, pour rendre cette caravane encore plus imposante et plus nombreuse que la première. Malheureusement, elle eut la funeste idée de prendre la route suivie autrefois par Houghton et Park. La cupidité des peuplades de ces régions, éveillée par les bénéfices qu'elles avaient tirés des voyages précédents, opposa à chaque pas des nouveaux voyageurs des obstacles que le manque de fermeté de la part du chef et son défaut d'habileté ne permirent pas de surmonter. Trompés, insultés, pillés par les tribus, égarés par les guides, ils durent chercher un refuge sous le canon du fort français de Bakel. Le major Gray mourut avant d'avoir regagné une terre anglaise.

Telle fut la misérable issue d'une tentative qui, avec celle de Peddie, de Campbell et de Tuckey, n'a pas coûté à l'Angleterre moins de vingt millions de francs.

René Caillié, venu à pied de St-Louis au fort de Bakel (640 kilomètres), pour se joindre à cette expédition, dut renoncer à ses projets devant cette déroute et retourner à la côte.

Vers ce même temps, périssaient l'Anglais Ritchie, alors qu'il s'apprêtait à partir du Fezzan pour entrer dans le Soudan, et le jeune Bowdich qui mourut au retour d'un voyage à la Côte-d'Or. Le seul explorateur isolé de cette époque qui n'ait pas laissé son nom sur cette liste funéraire, fut le jeune français Gaspard Mollien. Echappé, comme Réné Caillié, au naufrage de la *Méduse*, sans autre appui que son courage, ses ressources personnelles et l'ardeur de ses vingt ans, il parcourut seul les vallées du Fouta Diallon et put fixer la position des sources des principaux cours d'eau de la Sénégambie, ainsi que le cours supérieur du Niger. L'exploration faite quatre ans plus tard par le major Laing, confirma l'exactitude des résultats annoncés par Mollien et que l'esprit de dénigrement avait voulu révoquer en doute.

DENHAM, OUDNEY ET CLAPPERTON.

1822 à 1824.

Après la fin malheureuse de la dernière tentative de Mungo Park et la déplorable issue de toutes celles qui lui avaient succédé, il y eut un temps d'arrêt. Enfin, en 1822, la *Société géographique de Londres*, poursuivant l'œuvre entreprise trente ans auparavant par l'*Association africaine*, forma le plan d'une nouvelle expédition destinée à pénétrer en Afrique par la voie du Fezzan que venait de faire connaître le capitaine Lyon. Elle fut confiée à trois hommes qui se recommandaient au plus haut degré. C'étaient le docteur Oudney, savant naturaliste, le lieutenant de vaisseau Clapperton, et le major Denham qui avait longtemps fait la guerre aux Indes.

On les pourvut avec luxe d'armes et d'instruments à leur usage, et de cadeaux à distribuer sur leur passage ; on leur donna une suite convenable de gens de service ; et le gouvernement anglais obtint pour eux du pacha de Tripoli, une escorte de deux cents Arabes d'élite, placés sous les ordres d'un riche habitant de Mourzouk, jouissant, par ses relations d'affaires et de commerce, d'une grande influence dans l'intérieur du continent.

Partie de Tripoli au printemps de 1822, l'expédition, grâce aux lenteurs inhérentes à toute négociation avec les Arabes, n'arriva à Mourzouk qu'à la fin de novembre et mit deux mois à traverser le Sahara, avant d'atteindre le Bornou, bien que cette route soit la plus directe. Elle n'eut à souffrir sur tout ce parcours, que des inconvénients propres à la nature aride et sauvage du pays même. La fermeté que durent plusieurs fois déployer les chefs ne s'employa que pour empêcher les Arabes qui devaient les protéger contre les brigands du désert, de jouer eux-mêmes le rôle de ces derniers aux dépens des tribus chez lesquelles ils passaient.

C'est ainsi qu'ils arrivèrent à Kouka, sur le bord du lac Tchad, où ils eurent le bonheur de rencontrer pour représentant de l'autorité, le cheikh El-Kanemi, sorte de maire du palais, homme intelligent et bon, qui leur fut d'un si utile appui pendant le cours de cette longue et fructueuse expédition.

Les présents qu'ils lui offrirent furent : un fusil à deux coups avec sa boîte d'assortiments, une paire de pistolets dans leur étui, deux pièces de drap superfin, l'une rouge et l'autre bleue, une petite provision d'épiceries fines et un service en porcelaine. Ce qui excita particulièrement son intérêt, fut la poire à poudre et la manière dont la charge se séparait du reste au moyen d'un ressort. Son amour-propre fut également très flatté, lorsqu'on lui dit que le roi d'Angleterre avait beaucoup entendu parler du Bornou et de lui. Nègres ou blancs, barbares ou civilisés, chacun a son grain de vanité et c'est le plus souvent le côté vulnérable de la cuirasse humaine. Les voyageurs futurs ne devront pas négliger de faire jouer à leur profit ce puissant ressort de nos actions.

Une autre faculté toujours en éveil chez les peuples dans l'enfance, c'est l'amour du merveilleux et la curiosité qui s'attache aux œuvres de l'art ou de l'industrie. Ainsi, le spectacle d'une demi douzaine de fusées à baguette lancées à propos par Denham, suffit à deux reprises différentes pour paralyser la jalouse malveillance de quelques musulmans. docteurs en droit canon. Et un simple jouet d'enfant, une boîte à musique, parut à El-Kanemi un présent inappréciable.

Cependant cette expédition si bien conduite et effectuée dans des circonstances si favorables devait, elle aussi, fournir son contingent à la liste des morts. Le premier qui paya son tribut fut le docteur Oudney ; il avait trente deux ans ! Clapperton eut la douleur de le voir succomber à la fatigue et à la maladie, dans un voyage qu'ils avaient entrepris ensemble du côté de Sokkoto, et où il arriva seul.

Lorsque, huit mois après, en mai 1824, il rentra lui-même à Kouka, malade, brûlé du soleil, méconnaissable pour son ami et désormais son seul compagnon, Denham, il apprit qu'une autre tombe s'était ouverte pour un quatrième collègue, le jeune Toole, officier de la garnison de Malte, qui avait sollicité comme une faveur de venir partager leurs travaux.

2

Il mourut d'épuisement à vingt-deux ans, dans une exploration des rives méridionales du lac Tchad avec Denham. « Sa « constitution, dit ce dernier, quelque robuste qu'elle fût, « n'était pas assez forte pour braver impunément les fatigues « et les privations qui attendent l'Européen dans l'Afrique « centrale. »

Le retour des deux voyageurs s'effectua par la même route qu'ils avaient suivie deux ans auparavant, au milieu d'une escorte de deux cents hommes. Cette fois, ils étaient presque seuls ; mais l'admiration et le respect dont ils étaient l'objet de la part des populations, suffit à protéger leur marche et à maintenir leur sécurité.

Depuis les grandes expéditions du XVIe siècle, aucune n'avait eu l'importance de celle qu'ils venaient d'accomplir. Si l'Europe eut droit d'être fière des intrépides voyageurs qui venaient de révéler au monde civilisé l'existence de tant de peuples et d'empires, elle devait aussi un juste tribu d'éloges au cheïkh El-Kanemi, à l'homme qui, assez intelligent pour s'élever au-dessus des préjugés de sa nation et de sa religion, sut leur prêter en toute circonstance un concours puissant. Comprenant les bienfaits que la paix et le commerce pouvaient procurer aux peuples confiés à ses soins, il s'appliqua toujours à protéger les marchands de quelque contrée qu'ils vinssent. La sécurité parfaite qui, sous sa main ferme et pourtant modérée, s'établit dans tout le Bornou, ne fut pas la moindre des causes qui assurèrent le succès complet de cette entreprise.

El Kanemi fut le pivot de cet important voyage et son intervention donne la clé du succès.

CLAPPERTON, 2e VOYAGE, ET RETOUR DE RICHARD LANDER.

1825-1828.

En 1825, sous l'influence de promesses, quelque peu suspectes pourtant, faites l'année précédente à Clapperton, par

Mohammed Bello, sultan de Sokoto, un prétendu savant, une expédition nouvelle fut résolue.

La conduite en fut confiée à Clapperton. On lui adjoignit une sorte de commission, composée de M. Pearce, officier actif et dessinateur accompli, de M. Morisson, chirurgien de marine, excellent naturaliste, et d'un colon des Antilles, M. Dickson, fait au climat des tropiques. Ces quatre personnes, suivies de nombreux domestiques et pourvues de riches présents, se dirigèrent vers le golfe de Guinée, cherchant les ports de Funda et de Rakka, annoncés par Bello ; mais personne sur la côte n'en avait jamais entendu parler. Force leur fut donc d'attérir au port de Badagry, dans le golfe de Bénin, d'où ils s'acheminèrent vers l'intérieur.

Déjà l'un des quatre membres de l'Association avait disparu. M. Dickson, ayant voulu prendre seul la route du Dahomay, n'est jamais revenu de ce pays. Le docteur Morisson et le capitaine Pearce furent enlevés le même jour par les fièvres, avant d'avoir atteint la chaîne de Kong. Deux autres personnes de la suite périrent également ; tout le monde eut plus ou moins à souffrir des maladies causées par le climat malsain, et ce ne fut que lorsqu'ils eurent atteint les hauts plateaux, que les survivants éprouvèrent une amélioration sensible dans leur état.

Arrivé à Katunga, dans le Yarriba, Clapperton offrit au roi de cette contrée quelques pièces de drap rouge et bleu, quelques parasols et une énorme canne à pomme d'or qui ravirent Sa Majesté. Malgré cela, il ne put obtenir d'elle aucun renseignement précis sur le cours inférieur du Niger ; les questions géographiques étant chez ces peuples jaloux et qui se méfient les uns des autres, grosses de questions politiques.

Quand après un séjour forcé de six semaines passées chez ce roi nègre, il dut se séparer de lui et qu'il le pria, étant sur le point d'écrire en Angleterre, de lui indiquer celles des provenances de ce pays qu'il désirait le plus posséder, le prince noir se borna à demander une couronne en cuivre, du drap fin, jaune et bleu, quelques filières de gros corail, quelques tapis de couleur gaie, un tambour anglais et un petit tonnelet de cauris. Telle fut la modeste limite des *desiderata royaux*, auxquels Clapperton ajouta trente fusils, de la poudre et des balles. C'était peu ambitieux, on le voit.

Au roi du Borgou, Yarro, résidant à Kiama, ville de 30,000 âmes, il offrit un grand parasol de soie bleue, un sabre turc, quelques aunes de drap bleu, de la verroterie rouge et du corail, une chaîne de chrysocale, deux bouteilles de rhum, deux briquets phosphoriques, quatre couteaux, six paires de ciseaux et quelques estampes. La vue de ces inestimables trésors et le sabre surtout, exaltèrent la joie du monarque au plus haut point et assurèrent au donateur son amitié et sa protection.

Grâce aux présents distribués ainsi le long de sa route, Clapperton parvint sans trop d'encombre jusqu'à Kano, la plus riche place du Soudan. Là, il laissa, sous la garde de son fidèle Lander, le gros de ses bagages et les présents destinés au cheïkh du Bornou, et prit la route du Sokoto avec ceux qu'il devait remettre au sultan Bello. Un bœuf porteur et son cheval de selle composaient son modeste bagage. Le roi l'accueillit avec force démonstrations de joie ; mais du jour où Clapperton manifesta l'intention de passer dans le Bornou, tous ces beaux sentiments se changèrent en une méfiance qui ne tarda pas à tourner à la trahison. Il expédia un messager secret chargé de ramener à Sokoto Lander avec tout le bagage qui était confié à sa garde. « Rien, nous « dit ce dernier, ne put égaler la surprise que mon maître « éprouva en me voyant, si ce n'est son indignation à l'égard « de la méprisable et artificieuse conduite du sultan. »

En effet, il le contraignit à lui livrer les présents et les dépêches que le roi d'Angleterre destinait au cheïkh El-Kanemi ; il l'accusa d'être un espion, lui enleva toutes les armes et munitions dont il n'avait pas besoin pour son usage

personnel et celui de son serviteur. Tant d'exigences excitèrent au plus haut point l'indignation du loyal capitaine. Il
ne sut peut-être pas assez maîtriser sa juste colère et plier
devant une odieuse, mais toute puissante nécessité. « Les
« déceptions qu'il venait d'essuyer, dit encore Lander, ses
« plans brisés, l'incertitude qui planait sur l'avenir de sa
« mission, les difficultés du retour atteignirent et corrodèrent
« en lui les sources de la vie. En deux mois et demi, les
« anxiétés d'une inaction forcée détruisirent cette organisa-
« tion de fer, que les plus rudes fatigues prolongées pendant
« des années entières n'avaient pu ébranler. »

Il rendit l'âme le 13 avril 1827, entre les bras de son fidèle Richard Lander auquel il confia en mourant ses dernières instructions. La case élevée sur la tombe du raïs Abdallah, c'est le surnom qu'il avait adopté dans ses voyages,
fut longtemps pour les indigènes un objet de vénération.

Lander demeuré seul ne se découragea pas. Forcé de céder au traître Bello, contre un bon de 250,000 cauris, paya-
ble sur un banquier de Kano, presque tout ce qui lui restait
de ses bagages, c'est-à-dire, une carabine, un fusil à deux
coups, deux sacs de balles, un baril de poudre, un sac de
pierres à fusil, une rame et demie de papier et deux ou trois
chaînes de chrysocale, il se joignit à une caravane de quatre
mille personnes qui se rendait à Kachena ; et, après avoir es-
suyé mille avanies de la part de ses compagnons qui le trai-
taient de *kafir* (infidèle), il arriva chez le banquier de Kano.
Celui-ci refusa de faire honneur à la signature du sultan
Bello ; et Lander, quittant alors la route du Fezzan où il
craignait de périr victime des ruses et de la trahison des Maures, préféra s'abandonner sans armes et sans appui à la
bonne foi des nègres payens.

L'évènement justifia sa confiance. Pendant neuf mois de
route, à travers des contrées où nul pied européen n'avait
précédé et n'a suivi sa trace, il n'eut qu'à se louer du caractère hospitalier de ces populations non musulmanes. Le seul

désagrément qu'il éprouva fut causé par la curiosité qu'avait le roi du Zezzeg de voir un blanc. Il le fit amener à sa cour et lui occasionna ainsi une marche rétrograde d'un mois. Il l'en dédommagea par force soins et caresses, et le fils de ce monarque lui céda même une de ses femmes (il en avait cinquante) que le voyageur accepta. Enfin, le 21 décembre 1827, il arriva à Badagry, dernier survivant des Européens débarqués deux ans auparavant dans cette localité. Le 30 avril suivant, il revoyait l'Angleterre.

RÉNÉ CAILLIÉ.

1826-1828.

S'il est des hommes chez lesquels l'amour de la science ou quelquefois même le seul désir d'une prompte fortune, sont des motifs assez puissants pour leur faire entreprendre, au péril de leur vie, des courses aventureuses et lointaines ; d'autres ont l'amour de l'inconnu pour ainsi dire inné. La raison aura beau leur représenter les mille vicissitudes, les dangers, les fatigues, les misères de tout genre qui les attendent dans cette voie semée de tant d'écueils, leur passion s'accroît en raison même des obstacles qui sembleraient devoir les en détourner le plus. Loin de se laisser effrayer par les récits dramatiques des voyageurs célèbres et par le sombre tableau des catastrophes où la plupart d'entre eux ont péri, ils puisent dans ces lectures même un surcroît de forces, une ardeur nouvelle.

Tel fut le voyageur français Réné Caillié. A seize ans, ne possédant que 60 francs, il s'embarque pour le Sénégal. Échappé au naufrage de la *Méduse*, il franchit à pied les cent soixante lieues qui séparent Saint-Louis du fort de Bakel, où il compte se joindre à l'expédition du major Gray. Cette tentative n'ayant pas eu de suite, nous avons vu pourquoi, il rentre en France pour rétablir sa santé délabrée.

En 1824, il reparaît au Sénégal avec une petite pacotille de marchandises, n'obtient du gouverneur de la colonie, le baron Royer, qu'un faible secours, juste assez de quoi aller vivre quelques mois chez les Brakna, afin d'y apprendre la langue et les pratiques du culte des Maures. Il comptait se mettre en état de passer pour musulman et tromper ainsi la jalouse défiance des disciples de Mahomet. Après un an de cette initiation à la vie sauvage du désert, se croyant suffisamment préparé pour la mission qu'il a résolu d'accomplir, il rentre à Saint-Louis, n'y éprouve que dédain et abandon. Alors, reprenant la route qu'il a faite huit ans auparavant, il se rend, avec 100 francs, à Gorée, « soutenu cette fois, dit-« il, par l'ardeur, l'énergie d'un âge plus mûr, bien résolu, « ne fût-ce que par fierté, à entreprendre ce qu'on ne « me croyait pas capable d'achever. »

A Gorée, le gouverneur anglais essaie de le retenir en lui donnant une place de 3,600 francs dans une fabrique d'indigo. Mais, après un an de séjour, ayant réalisé une économie de 2,000 francs, Caillié se démet de son emploi, échange son petit trésor contre une pacotille de marchandises et, sous le costume arabe, il se dirige vers Kacundy. Là, il entre en relation avec des Mandingues que leurs affaires commerciales appelaient en ce lieu. Il leur raconte qu'il est né en Égypte, de parents arabes ; qu'enlevé tout jeune par les armées françaises de Bonaparte, il avait été conduit plus tard au Sénégal pour y faire les affaires de son maître qui, satisfait de ses services, l'avait affranchi ; que maintenant, redevenu libre, il désirait naturellement retourner en Égypte, retrouver sa famille et reprendre la religion musulmane. Et comme à ce récit il joignait les pratiques du culte et psalmodiait même quelques versets du Coran, on crut à sa parole. « C'est cette « fable, dit-il, qui, répétée chaque fois que j'en ai eu be-« soin, m'a servi de passe-port de Kakundy à Timé, de Timé « à Tembouctou, et de là à Tanger. »

Par les soins de M. Castagnel, Français résidant depuis

longtemps à Kacundy, il s'adjoignit à une caravane de marchands venus de Kankan, et le 19 avril 1827, avec un guide attaché à sa personne et un esclave porteur de ses modestes bagages, il commença son grand voyage.

A Timé, il tombe malade et se voit bientôt près de mourir. Mais alors, les consolations que ne peuvent lui donner les hommes, il les trouvera en Dieu. « Les seuls moments de « calme et d'espérance que j'éprouvai pendant cette longue « maladie, nous dit-il, je les dois aux principes religieux « que j'ai puisés dans le cours des nombreuses adversités « de ma vie errante, car nous sommes organisés de telle « sorte, que ce n'est le plus souvent que dans le malheur, « abandonnés de tous nos amis, que nous nous tournons vers « la divinité pour chercher des consolations qu'elle ne nous « refuse jamais. » Réflexions fort justes, dont le premier voyage de Mungo Park nous avait déjà démontré la vérité et que nous aurons occasion de constater encore dans le cours de ce récit.

Les nombreux cadeaux dont il avait fallu payer les faibles soins donnés à sa maladie, avaient considérablement diminué sa pacotille; il était à craindre qu'il n'eût plus assez de marchandises pour achever son voyage. Aussi, dès qu'il put marcher, s'empressa-t-il de se joindre à une caravane composée d'une cinquantaine de Mandigues, d'une trentaine de femmes, portant les uns et les autres des charges sur leur tête, et de huit chefs suivis d'un certain nombre d'esclaves qui, dans leur marche, se faisaient un vrai plaisir de faire tinter les grelots dont ils étaient couverts : cela, disent-ils, les distrait et les délasse. En compagnie de ces carillonneurs, il arriva deux mois après à Jenné, sur le Niger.

Ici le faux Abdallah, c'était son surnom en mahométisme, dut redoubler de prudence; car il était sur le territoire de celui qui fut l'instigateur du meurtre du major Laing, assassiné, en 1827, dans le désert, à l'Ouest de Tombouctou, après avoir résidé quelques jours dans cette ville. Il était

fort à craindre qu'il n'éprouvât le même sort, si sa super-
cherie venait à être découverte. Mais il n'en fut rien. Les
négociants maures de la ville l'accueillirent comme un véritable hadji (pélerin), et après huit jours d'hospitalité, lui
ayant fait troquer sa pacotille européenne contre des étoffes
du pays, ils l'expédièrent pour Tombouctou, avec une flotille
de marchandises se rendant dans cette cité.

A Tombouctou, où il arriva le 20 avril 1827, il fut recueilli
par un marchand auquel l'avait recommandé le cherif de Jenné.
Là il apprit tous les détails de l'assassinat du major Laing
qui fut étranglé par des nègres. sur les ordres d'un chef fa-
natique qui avait voulu le contraindre à se faire musulman, ce
à quoi se refusa constamment l'infortuné major, trop confiant
dans la protection du pacha de Tripoli, qui l'avait recommandé
à tous les cheikhs du désert.

C'est en se réfugiant au haut d'un des sept minarets de la
ville, que Caillié put trouver assez de solitude pour écrire ses
notes. Au reste, pendant tout son voyage il dut toujours se
cacher pour écrire et encore avait-il soin d'avoir sur ses ge-
noux un feuillet du Coran, qu'il était censé copier.

Après avoir séjourné quatorze jours dans cette ville, il
prit congé de son digne hôte et se mêla à une caravane qui
partait pour Tafilet. Il ne possédait qu'une valeur réelle de
35 piastres en marchandises. Son généreux bienfaiteur les
prit pour son compte et, en échange, lui procura un guide,
un chameau et assura sa nourriture pour toute la traversée
du Sahara. En outre, il le recommanda avec chaleur à tous
ses correspondants et le combla de petits présents.

A El-Arouan, où s'organisa définitivement la caravane, il
reçut pour provisions de route, un sac de riz de cinquante
livres environ, un sac de *dokhmou* du même poids, et six
livres de beurre fondu. C'était plus que suffisant pour deux
mois. Il paya ce service du présent d'une paire de ciseaux,
d'un morceau d'indienne et de quelques pièces d'argent fort
rares et fort recherchées dans ce pays.

Son guide qui avait reçu dix mitskals d'or (120 fr.) et auquel il avait été fort recommandé, était un homme affectant une grande dévotion et passait aux yeux de tous pour un musulman zélé. Aussi, accabla-t-il son protégé de protestations d'amitié et l'assura qu'il le traiterait comme son fils. Vaines promesses, c'était un tartufe. Pendant trois mois et demi que dura cette pénible traversée, il l'abandonna à la merci des gens grossiers qui composaient la caravane et qui, ne voyant en lui qu'un étranger pauvre, sans protecteur, parlant imparfaitement leur langue, spéculèrent sur son abandon et l'accablèrent de leurs railleries et de leur mépris.

Enfin, le 20 septembre 1828, il arriva à Tanger, où il eut le bonheur de rencontrer M. Delaporte, notre consul (1) dans cette ville, qui lui facilita tous les moyens de rentrer en France. Les savants étrangers n'accueillirent sa relation qu'avec des doutes ; mais le témoignage porté sur lui vingt-six ans plus tard par un voyageur non moins célèbre, le docteur Barth, a pleinement vengé sa mémoire et confirmé de tout point la véracité de son récit. Ainsi fut accomplie par le courage d'un seul une entreprise où les expéditions les mieux patronées avaient échoué jusque-là.

Mollien, Caillié et bien d'autres sont une preuve que la France peut aussi fournir son contingent de courageux et habiles explorateurs.

LES FRÈRES LANDER.

1830-1832.

Au printemps de 1830, Richard Lander reparut à Badagry, à la tête d'une expédition, chargé par le gouvernement an-

---

(1) Le père de M. Delaporte, chef du bureau arabe départemental d'Alger. Ce patriarche des chrétiens du Levant a fait partie de l'expédition d'Egypte et jouit encore d'une verte vieillesse.

glais de descendre le Niger depuis Boussa jusqu'à la mer. Il était accompagné de son jeune frère John Lander, qui avait sur lui l'avantage d'une éducation libérale et de lettré. De grandes quantités de marchandises lui avaient été fournies pour subvenir aux dépenses de son long voyage.

Partie de Badagry, l'expédition arriva sans trop de difficultés jusqu'à Boussa. Là elle commença à descendre le fleuve sur un canot du pays. A Yaourie, où elle s'était rendue auparavant, elle fut retenue un mois par le sultan qui avait été probablement l'assassin de Mungo Park. Ce prince avait acheté à Lander pour cent mille cauris de marchandises qu'il réussit à ne point payer, le voyageur ayant dû se contenter d'accepter en échange une fille esclave qui devint la femme de Pascoé, l'interprète. Rentrée à Boussa, l'expédition dut encore patienter tout un mois avant d'obtenir une embarcation capable de la porter jusqu'à sa destination. Des cadeaux servirent de passeport à ses voyageurs le long du fleuve. A mesure qu'ils approchaient de la côte, les populations devenaient plus hostiles, plus exigeantes. Enfin, ils purent échapper à tous les dangers et gagner l'île de Fernando-Po d'où un bâtiment les ramena en Angleterre.

En 1832, Lander reparut dans les eaux du Niger, avec deux steamers armés et équipés par le commerce de Liverpool. Il put remonter ainsi jusqu'à la Tchadda, affluent du Niger, et pénétrer jusqu'à Funda. Mais ses efforts échouèrent contre le défaut d'entente de ses associés, la mauvaise construction de leurs navires, et surtout contre les fièvres pernicieuses qui décimèrent leurs équipages. De quarante-neuf Européens qui les composaient, neuf seulement revirent la mer. Le courageux jeune homme, assailli par des indigènes et blessé d'un coup de fusil, dans une course entreprise pour procurer des médicaments à ses malades, revint mourir à Fernando-Po, le 7 février 1834, la veille du jour où il allait accomplir sa trentième année.

RICHARDSON, BARTH, OVERWEG ET VOGEL.
1850-1856.

James Richardson, à son retour du Fezzan (1846), fut le promoteur de cette nouvelle expédition que le gouvernement anglais le chargea d'organiser et dont il devait être une des nobles victimes. En 1844, époque où il s'occupait surtout de la question de l'esclavage, il se trouvait de passage ici, comme représentant de l'*anti-slavery society*. C'est en lisant, à la Bibliothèque d'Alger, un article de M. Subtil, sur R'edamès que sa vocation pour les explorations africaines se révéla tout à coup, ainsi qu'il le raconte lui-même dans le tome 1er de son *Great-Desert*, page 2°.

Notre Bibliothèque conserve, comme un précieux souvenir de ce martyr de la science et de la philanthropie, deux volumes du *British and foreing anti-slavery Reporter*, dont il lui fit cadeau et sur lesquels se trouve écrite de sa main la note suivante :

Presented to the library of the college (1) *of Algiers*
By Mr James Richardson,
agent and correspendent of the British and foreign anti-slavery society, in northern Africa.
Algiers, 8 november 1844.

Dans son nouveau et dernier voyage (1850), Richardson s'adjoignit deux jeunes savants allemands, Adolphe Overweg et Henri Barth. Plus tard, l'infortuné Vogel fut envoyé à son tour pour combler le vide laissé par la mort d'un des collaborateurs dont il ne tarda guère à éprouver le destin, mais d'une manière bien plus tragique.

Le Dr Barth, qui devait seul leur survivre à tous, avait déjà voyagé en Algérie, en Tunisie et dans la Cyrénaïque ; il était donc préparé aux rigueurs du climat africain et avait en outre sur ses collègues l'avantage de posséder une vigueur d'athlète et une santé inébranlable.

---

(1) La Bibliothèque se trouvait alors dans le même local que le collège ; c'est ce qui explique l'erreur de Richardson.

L'expédition, réunie à Tripoli, à la fin de mars 1850, avait reçu en juin son organisation définitive à Mourzouk, d'où elle s'éloignoit le 25 du même mois, pour s'acheminer vers le Haoussa. Elle marchait sous l'escorte d'une troupe de Touareg, dont on avait acheté fort cher la protection.

Avant d'arriver à R'at, Barth s'étant éloigné un peu de la caravane, s'égare et, quand on le retrouve, râlant sur une roche nue, il y avait vingt-huit heures qu'il était privé d'eau. Il n'avait pu se désaltérer que par un moyen qui peint bien son indomptable énergie.... Il s'était ouvert une veine et — comme l'héroïque Beaumanoir — avait bu son propre sang !

A R'at, ils emploient six jours à traiter, avec les âpres et cupides oligarques de cette petite cité, la grave question des droits à payer, des guides et de l'escorte qui leur doit être fournie, et la question non moins importante d'un traité de commerce avec l'Angleterre. Enfin, ils partent escortés par vingt Touareg-Kailouis, ce qui, avec leurs hommes, forme une caravane assez imposante. En route, ils sont attaqués par un parti de Touareg dissidents. On parlemente : un marabout vient faire connaître les propositions du chef ennemi, qui demande que les chrétiens lui soient livrés pour être mis à mort. Ce premier point ayant été refusé, il exige qu'ils n'aillent pas plus avant : refusé encore. Qu'ils se fassent musulmans : on ne l'écoute pas davantage. Enfin, et c'est son ultimatum, qu'on lui livre la moitié des marchandises et du bagage. Une valeur de 150 réaux (50 livres sterling) en marchandises satisfit à toutes ces prétentions, et ils poursuivirent leur marche. Ces attaques et ces menaces se renouvelèrent plusieurs fois dans le cours du voyage ; mais quelque peu d'argent et beaucoup de fermeté en eurent toujours raison ; car ces farouches musulmans n'ont que le gain en vue : s'ils demandent beaucoup, c'est pour ne pas obtenir trop peu, et s'ils menacent très fort, c'est pour mieux disposer à donner.

Arrivés à Tin-Tellust, bourgade où réside le chef des Kailouis, ils offrirent à cet éminent personnage une grande variété d'objets, de la valeur d'environ 508 francs, moyennant quoi il leur accorda toute son estime. C'était un des cadeaux les plus considérables qu'ils eussent fait encore sur leur route, et ils durent même les restreindre fort, à l'avenir. « De compte « fait, dit Richardson, nos deux rencontres avec les spécula- « teurs du désert ont coûté au gouvernement anglais plus de « 750 piastres (3,750 fr.). » Mais avec l'instinct rapace et l'esprit versatile des souverains africains, ce chef, qui se qualifiait de sultan, parut après quelques jours peu satisfait de ce cadeau. Il assura qu'il ne pouvait les conduire et les protéger jusqu'à Zinder, à moins d'une indemnité de 1,000 dollars, chiffre qu'il voulut bien réduire de moitié. De plus, on donna une centaine de dollars à ses courtisans, et un traité d'amitié et de commerce fut conclu au nom de la reine Victo- ria avec cette Majesté soudanienne qui s'engageait à ac- corder aide et protection à tout voyageur anglais qui vien- drait à passer à portée de sa juridiction. L'alliance fut scellée par le don d'une épée d'officier de marine de la valeur tout au plus de cinq livres, à la poignée en cuivre dorée et cise- lée, mais qui n'en produisit pas moins son bon effet. (Le lec- teur qui connaît bien ces populations et leurs chefs, saura ce qu'on doit espérer de traités semblables).

De ce moment, le sultan se montra très-familier avec ses hôtes. Il venait, comme un simple bourgeois, les visiter sous leur tente où l'attiraient fort, nous dit Richardson, « la « saveur de notre thé, de notre café, le montant de notre « tabac, et surtout l'exquise délicatesse de nos cornichons « pour lesquels il se sentait un goût tout particulier. »

Mais le temps s'écoulait et le sultan paraissait peu pressé de tenir sa parole. Barth profita de ces délais inhérents à toute entreprise africaine, pour aller voir Aghadez. Le prince qui y régnait le reçut avec beaucoup d'affabilité, agréa ses pré- sents et lui donna, ainsi que la plupart des personnages éminents de cette ville, des lettres de recommandation pour le Soudan.

Après trois mois de séjour à Tin-Tellust, ils quittèrent

cette localité pour se diriger vers le Bornou, avec la grande caravane qui transporte chaque année, de Bilma, le sel nécessaire à l'approvisionnement de l'Afrique centrale. Le sultan de Zinder leur fit bon accueil, grâce à un paquet de poudre et de plomb (50 balles et 24 charges de poudre) qui lui fut glissé *secrètement* au milieu des présents de rigueur : car des ordres arrivés de Kouka, interdisaient aux voyageurs de lui fournir des munitions de guerre.

C'est quelques temps après, à la fin de février 1851, dans une excursion entreprise aux environs de Zinder, que Richardson succomba aux fatigues et aux chaleurs tropicales qu'il n'avait jamais bien supportées.

Barth arriva à Kouka le 2 avril, et se présenta au cheikh Omar, fils d'El-Kanemi, comme le représentant de la nouvelle mission anglaise. Les traditions du père s'étaient conservées dans le fils. L'hospitalité la plus large lui fut offerte ainsi qu'à Overweg.

Ici les voyageurs se séparèrent. Barth se dirigea vers le Sud pour aller visiter la province d'Adamaoua, sous la conduite d'un *kachella* ou vizir Bornouen et d'un guide. Il eut plusieurs fois occasion de se rendre utile aux malades qui venaient le trouver pour obtenir quelque remède de *l'homme blanc*. A Mélé, sur les bord du Chary, il fut, par trahison, fait prisonnier « et, dit-il, il est sans doute fort heureux que j'aie été « ainsi attaqué à l'improviste : car, si j'avais pu prévoir cette « violence, j'aurais voulu la repousser par la force, me servir « de mes armes, et le sang aurait coulé.... »

La résignation le servit mieux en effet qu'une résistance désespérée. La lecture du premier voyage de Mungo Park dont il avait le livre sous sa main, vint encore à son aide. Au reste, cinq jours après, ses fers tombaient à la voix d'un ami influent qu'il avait su se faire en route et tous ses bagages enlevés lui étaient rendus. A la cour du vizir où il fut conduit, il dut, par suite des craintes superstitieuses inspirées par la vue de ses instruments de mathématiques, mettre

la plus grande circonspection dans ses observations météo-
rologiques. Le sultan du Baghirmi fut sensible aux présents
qu'il lui avait destinés, et lui accorda pour le reconduire au
Bornou un chameau et deux cavaliers.

Pendant ce temps, Overweg explorait le lac Tchad, au
moyen d'une embarcation européenne démontée et transpor-
tée pièce par pièce, à dos de chameau, de Tripoli à Kouka.
Mais les marches forcées par la pluie et le soleil, les nuits
sans lit et sans repos, la nourriture insuffisante et malsaine
triomphèrent de sa constitution trop faible pour de telles
épreuves. Il mourut à la fin de novembre 1852, près des
lieux où reposaient les restes du jeune Toole.

Barth, demeuré seul, loin de se laisser abattre, sentit son
courage grandir, et le voyage de Tombouctou fut résolu. La
guerre qui sévissait alors entre les Bornouens et les Félans,
ne lui permet d'arriver au camp de l'empereur de Kano, que
vers la fin de mars, après trois mois de marches et de contre-
marches entre les partis en armes et les provinces soulevées.
Celui-ci, fils et second successeur du sultan Bello, se montra
fort généreux envers l'étranger, comme s'il eût eu à cœur de
faire oublier les mauvais procédés dont son père avait usé
vis-à-vis de l'infortuné Clapperton. En retour de quelques
présents, Barth reçut cent mille cauris pour le défrayer de
ses dépenses, avec promesse d'obtenir aide et protection
pour lui et pour les négociants anglais qui pourraient venir
plus tard dans ses Etats. Le sultan lui accorda en outre
l'autorisation de se rendre à Tombouctou et le recommanda à son ministre, résidant à Vourno, ainsi qu'aux autres
chefs échelonnés sur sa route. Une vingtaine de cavaliers
furent chargés de l'escorter jusqu'au Niger.

Sur le point d'atteindre la ville mystérieuse, au milieu des
tribus fanatiques des Félans, il dut quitter sa qualité d'Européen qu'il n'avait jamais niée jusqu'alors, et, comme son
prédécesseur Caillié, se faire passer pour un Arabe. Il s'af-
fubla même du titre de chérif et, grâce à cette usurpa-

tion, il put franchir heureusement le pays des Tanarek.

C'est le 7 septembre 1853 que le docteur Barth fit son entrée solennelle à Tombouctou, où un bruit habilement répandu par le cheïkh El Bakaï, qui lui porta toujours un véritable intérêt, le fit passer aux yeux des habitants pour un envoyé du grand sultan de Stamboul. Plusieurs fois, dans la suite, il eut à regretter de n'avoir pas de lettres de recommandation du gouvernement turc pour appuyer ces prétentions. L'absence de ce document essentiel fut la principale cause de sa difficile et dangereuse position pendant son long séjour dans cette ville, position que les intrigues jalouses des marchands du Maroc rendaient encore plus difficile. Il eut besoin d'apporter la plus grande circonspection dans ses mouvements et dans ses relations avec les indigènes, à cause de la diversité des influences politiques exercées sur l'autorité souveraine par une population composée des éléments les plus complexes.

Le cheïkh était absent de la ville quand Barth y entra. Il avait destiné en cadeau à son frère, Sidi Alaouâti, qui gouvernait momentanément, cinq burnous fins, un kaftan, deux tobés (espèces de blouses), une en soie et une autre en coton couleur indigo, et autres menus articles. Néanmoins, ce cadeau fut jugé peu satisfaisant et il fut obligé d'y ajouter :

2 burnous de qualité supérieure et d'une valeur de 100,000 cauris.. 166 fr.

1 kaftan de 4,000 cauris........................... 65

2 vestes, bleu et rouge, 15,000 cauris............ 25

2 tobés en soie, 35,000 cauris................... 56

10 dollars espagnols.............................. 50

1 paire de pistolets avec 7 livres de poudre fine.

2 rasoirs anglais et d'autres articles de moindre valeur.

C'était payer un peu cher la protection d'un homme qui devait bientôt devenir son plus acharné persécuteur ; mais les circonstances où il se trouvait, obligèrent le voyageur à faire bien d'autres concessions. Le lendemain même, il dût

lui faire un présent presque aussi considérable que celui de
la veille :

2 kaftans en drap.

2 hamails ou ceinturons de sabre en soie.

3 tobés en soie (*Djellabi, Harir, Filfil*).

1 tobé de Noupé.

3 tourkedis.

1 petit pistolet à six coups,

et différents autres objets, dont une partie, disait-il, devait
être offerte aux chefs Touareg et au gouverneur Foullane,
Hamdou Allahi, promesse qui ne fut jamais remplie.

Les présents qui furent offerts à son frère le cheïkh, con-
sistaient en :

3 burnous, un dit *helali,* soie et coton, deux du drap le
plus fin, un vert et un rouge.

2 kaftans de drap, un noir et l'autre jaune ;

1 tapis de Constantinople.

4 tobés, l'une de l'espèce appelée *harir,* achetée 30,000
coquilles (12 dollars ou 60 fr.), une de l'espèce appelée filfil,
et deux noires de la meilleure qualité.

20 dollars espagnols en argent.

2 châles noirs,

et plusieurs autres petits articles, le tout représentant une
valeur d'environ 750 fr.

Le cheïkh, bien différent de son frère, fit dire à Barth
combien il était reconnaissant de la libéralité de son gouvernement et qu'il le priait seulement, à son retour en Angleterre, d'adresser une requête à Sa Majesté britannique pour
qu'on lui envoyât de bonnes armes à feu et quelques ouvrages arabes.

Avant d'en finir avec les présents, énumérons encore les
suivants offerts au chef Touareg :

1 tobé aux couleurs bigarrées, très prisée par eux.

2 *Tourkedis*.

2 *Tesilgémist* ou châles noirs.

1 autre châle et

2 foulards pour son messager ou ma'llem.

Le chef se montra satisfait, « mais, ajoute le Dr Barth, il
« aurait désiré voir quelques-uns de ces merveilleux produits
« qui ont porté si haut parmi eux la renommée de notre indus-
« trie. Je lui conseillai à ce sujet de prendre patience et
« qu'un jour ou l'autre, un de nos voyageurs futurs viendrait
« le voir et lui donnerait alors pleine satisfaction. »

Nous espérons que cet enseignement ne sera pas perdu
pour nos futurs explorateurs français, pas plus que celui-ci,
où en parlant d'une traduction en arabe d'Hippocrate offerte
par Clapperton à un érudit de l'endroit, il dit : « Je puis as-
« surer, en toute confiance, que ces quelques ouvrages, don-
« nés çà et là par le brave voyageur anglais, ont plus fait
« pour réconcilier les hommes influents de l'Afrique centrale
« avec le véritable caractère des Européens, que les présents
« les plus magnifiques qu'on eût pu leur envoyer. »

Notons encore ce passage du judicieux et profond obser-
vateur : « Les connaissances que j'avais de la religion mu-
« sulmane, de l'histoire des populations saharjennes et d'une
« partie de l'Afrique centrale, quoique peu étendues (il re-
« grette, en effet, dans un autre endroit, de ne pas être plus
« familiarisé dans tous ses détails avec la religion du Koran),
« me rendirent un inappréciable service, en ce qu'elles me
« gagnèrent particulièrement l'estime des indigènes, et me
« permirent de combatre avec avantage leurs préjugés. »

L'autorité du Dr Barth en semblable matière ne saurait
être douteuse ; car il n'eut que trop souvent à expérimenter
ce qu'il conseille, et l'on peut dire que les plus grands embarras, pendant sa longue captivité, lui furent suscités par
les discussions théologiques que ses ennemis, c'est-à-dire
ceux du nom chrétien, remettaient sans cesse sur le tapis.

D'autres fois aussi, il dut payer d'audace. Un jour qu'un
rassemblement hostile s'était formé autour de sa personne,
il prit un pistolet à six coups et fit feu de toutes les bouches.

Cette démonstration causa une surprise extraordinaire et fit croire à tout le monde qu'il pouvait ainsi faire feu sans relâche aussi longtemps qu'il lui plairait, croyance que le cheïkh ne manqua pas de confirmer, pour assurer davantage la sécurité de son hôte. Pareil stratagème lui réussit auprès d'une trentaine de Touareg qui avaient envahi le camp pour l'enlever. Son air déterminé les arrêta.

Enfin, après un séjour forcé de sept mois, mais rendu nécessaire par l'intérêt même que l'honnête cheikh portait à la conservation des jours de son hôte européen, celui-ci put quitter Tombouctou, le 20 mars 1854, sous la sauvegarde d'un chef touareg, escorté de cent cavaliers bien montés et bien armés, qui le conduisit jusqu'à Gao. Là, avec sa suite, qui se composait encore d'une vingtaine de personnes, il descendit le Niger jusqu'à Say, et ne rencontra, sur tout ce parcours de cent cinquante lieues, que des populations pacifiques.

De retour dans le Bornou, il eut le bonheur de faire en route la rencontre inespérée du jeune docteur Vogel, mort depuis assassiné par les ordres du sultan du Ouaday. Ils regagnèrent ensemble Kouka, et au mois de mai 1855, ils se disaient un suprême adieu. Barth rentra à Tripoli par le Fezzan, et le 8 septembre de la même année, il débarquait à Marseille, après une absence totale de six ans moins trois mois.

Il apportait la plus complète moisson de notions géographiques, historiques, éthnologiques et zoologiques, qu'un explorateur ait jamais recueillie en Afrique. Voilà ce qu'a pu une volonté forte, servie par une organisation de fer, et qui a eu le rare bonheur de rencontrer, comme autrefois Clapperton dans la personne d'El-Kanemi, un homme qui a su le comprendre et a voulu le protéger. Le cheikh El-Bakaï ne saurait être oublié dans ces éloges.

LE STEAMER LA *Pléiade*.

Dans le même temps que l'intrépide docteur Barth opérait la reconnaissance de la partie moyenne du Niger, un bateau à vapeur, le steamer la *Pléiade*, équipé à frais communs par le gouvernement anglais et par M Laird, négociant de Liverpool, quittait les Iles Britanniques, avec la mission de remonter le Niger jusqu'à la Tchadda, son principal affluent, et de voir si ce beau cours d'eau n'offrirait pas au commerce et à la civilisation de l'Europe, une route directe et facile pour pénétrer jusqu'au cœur de l'Afrique centrale.

On résolut d'employer dans cette expédition le moins de *blancs* possible, de soumettre tous ceux qui en feraient partie à un traitement préparatoire de quinine, et enfin, contrairement à tous les antécédents, de n'entrer dans le fleuve que pendant la saison pluvieuse. Outre deux officiers de choix, trois commissaires délégués de l'amirauté, du commerce et des missions, le navire ne portait que quatre maîtres ou contre-maîtres, un chirurgien, trois mécaniciens, un subrécargue, un maître-d'hôtel, trois interprètes, trois chauffeurs noirs, un charpentier, deux mousses et quatre matelots, en tout une vingtaine d'hommes dont dix nègres ou mulâtres. En passant au cap de Palme, l'équipage se compléta avec trente-trois naturels de ces parages ou Kroumous.

Le 12 juillet 1854, la *Pléiade* entra dans le Niger par la rivière de *Nun*, et arriva à Abo sans inconvénients. Là elle se recruta d'un natif de Haoussa, Ali, jeune homme actif, intelligent, qui avait précédemment accompagné Richard Lander, jusqu'à Fernando-Po, et qui fut très utile à l'expédition.

Quand ils eurent pénétré dans le Bénoué, affluent de la Tchadda, les changements de température fort dangereux dans ce pays pour les étrangers, forcèrent la *Pléiade* à redescendre dans des parages plus sains, tandis que M. Baikié

et M. Bay, avec quelques hommes du pays, continuaient
dans une chaloupe leur voyage d'exploration. Ces derniers,
attaqués par des sauvages, ne s'échappèrent de leurs mains
qu'en leur distribuant quelques boîtes de verroterie, petits
miroirs, couteaux brillants, colliers et bracelets, etc. Mais
les obstacles se multipliant à mesure qu'ils remontaient la
rivière, ils durent rejoindre la *Pléiade* où ils trouvèrent leurs
hommes un peu remis des effets meurtriers du climat. L'expédition fut assez heureuse pour rentrer à Fernando-Po, sans
avoir perdu un seul homme, mais non sans avoir obtenu beaucoup de résultats commerciaux et scientifiques. Elle est la
dernière entreprise du gouvernement britannique dans l'A-
frique centrale.

Dans le rapide exposé historique que vous venez d'enten-
dre, Messieurs, je me suis attaché, comme vous avez pu le
remarquer, à ne faire ressortir que les points qui avaient directement trait à mon sujet, c'est-à-dire à énumérer les
causes matérielles ou morales qui avaient plus particulièrement contribué au succès ou à l'insuccès des expéditions entreprises jusqu'à ce jour dans l'Afrique centrale. C'est le
plan que vous-mêmes m'aviez tracé. Ma tâche semblerait
donc ici terminée; mais quelque succinct, quelque condensé
que soit ce travail, il eût été peut-être difficile encore d'en
saisir l'ensemble et de le formuler en système. Je vais donc
essayer de me résumer. Pour cela, j'ai cru devoir donner
pour préambule aux quelques observations qui devront suivre (1), un tableau synoptique qui permit d'embrasser d'un

---

(1) Ces observations ont leur place marquée à la suite des
trois mémoires et lorsque le lecteur aura pu connaître tous
les éléments de la question.

seul coup d'œil la totalité des faits présentés, et de mieux apprécier la valeur des conclusions que l'on peut en déduire. Un mot d'explication sur ce tableau.

Fallait-il classer simplement les faits d'après leur ordre chronologique, ou bien les grouper d'après les résultats obtenus et le mode de composition du personnel? Ce dernier point qui me semble constituer à lui seul un système, m'a paru devoir l'emporter, et c'est pour cela que j'ai réuni dans le tableau A toutes les explorations entreprises par des individus isolés, et dans le tableau B, toutes celles faites selon le mode collectif. Toutefois, j'ai suivi dans l'un et dans l'autre de ces tableaux l'ordre chronologique, qui permet de juger jusqu'à quel point l'expérience acquise a servi aux explorations postérieures. Dans une colonne, j'ai indiqué par un simple mot le résultat heureux ou malheureux de l'entreprise. Le point de départ n'est pas chose indifférente ; bien que pour nos explorateurs algériens il soit presque fixé d'avance, je l'ai également fait connaître. Enfin, dans une dernière colonne, j'ai résumé très brièvement les causes principales qui avaient contribué à la réussite ou fait échouer le projet. Ces tableaux, nous les donnons ci-contre

E. VAYSSETTES.

TABLEAU DES EXPLORATIONS INDIVIDUELLES ET COLLECTIVES

Qui se sont succédé dans l'Afrique centrale, depuis 1788 jusqu'à 1854.

Tableau A. — EXPLORATIONS INDIVIDUELLES.

EXPLORATEURS.	POINT DE DEPART.	RÉSULTATS		CAUSES.
		HEUREUX.	MALHEUREUX.	
Ledyard.	Égypte.	»	Mort.	Le climat, l'impatience.
Major Houghton.	Pisania.	»	Assassiné.	Convoitise des indigènes, embarras de marchandises.
Mungo Park (1er voyage).	Pisania.	Complet.	»	Qualités personnelles.
Hornemann.	Égypte.	»	Disparu.	»
Nicholls.	Vieux Calabar.	»	Mort.	Fièvres.
Roentgen.	Mogador.	»	Assassiné.	Cupidité, trahison de ses guides
Ritchie.	Fezzan.	»	Mort.	Climat, fatigues.
Bowdich.	Côte-d'Or.	»	Mort.	Fatigues.
Gaspard Mollien.	Sénégambie.	Satisfaisant.	»	Qualités personnelles.
Major Laing.	Fezzan.	»	Assassiné.	Fanatisme religieux.
René Caillié.	Gorée.	Complet.	»	Qualités personnelles; se fait passer pour un musulman.

Tableau B. — EXPLORATIONS COLLECTIVES.

EXPLORATEURS.	POINT DE DEPART.	RÉSULTATS		CAUSES.
		HEUREUX.	MALHEUREUX.	
Mungo Park (2e voyage), avec 36 Européens. (1,250,000 fr.)	Pisania.	»	Tous ont péri.	Composition d'un personnel tout européen, saison des pluies, maladies, attaque des indigènes.
Tuckey, avec 50 hommes.	Le Zaïre.	»	Tous périssent moins un.	Personnel européen, fièvres.
Peddie, avec 100 hommes.	Sénégambie.	»	Pas de résultat.	Mort du capitaine, guerres civiles des indigènes
Major Gray, avec une suite nombreuse.	Sierra-Leone.	»	Insuccès complet.	Mauvaise direction de route, cupidité des peuplades, manque de fermeté de la part du chef.
Denham, Oudney, et Clapperton. Escorte arabe.	Le Fezzan.	Succès scientifique complet.	Mort d'Oudney et Toole.	Qualités personnelles, escorte indigène, nombreuses ressources, appui d'un chef intelligent. — Fatigues, climat.
Clapperton (2e voyage), avec une commission de 3 membres et un personnel européen nombreux.	La Guinée.	Quelques résultats scientifiques.	Mort des 4 chefs et de leur suite; un seul survit.	Fièvres, trahison du chef indigène, personnel européen, souffrances morales.
Les frères Lander.	Badagry.	Succès complet.	»	Qualités et expérience du chef, bon esprit des populations, profusion de cadeaux.
R. Lander (3e voyage), association commerciale, 49 Européens	Embouchures du Niger.	Peu appréciables.	40 meurent, et avec eux Lander.	Défaut d'entente des associés, fièvres, attaques des indigènes.
Richardson, Overweg, Barth.	Mourzouk.	Succès scientifique complet.	Richardson et Overweg meurent.	Qualités personnelles, escorte indigène, nombreux cadeaux, appui d'un chef intelligent. — Fatigues, climat.
La Pléiade, association politico-commerciale.	Embouchures du Niger.	Succès satisfaisant.	»	Bonne composition du personnel, peu d'Européens, précautions sanitaires.

DEUXIÈME RAPPORT.

DE L'ANTAGONISME DES PEUPLADES SAHARIENNES ET DU SOUDAN.

Messieurs,

Les explorateurs de l'Afrique centrale préparent en général leurs entreprises avec le plus grand soin, au point de vue scientifique ; ils ont trop souvent le tort de négliger ce qu'on peut appeler le côté politique des voyages africains, expression qui aura toute sa valeur et sa portée, quand on aura lu les développements qui vont suivre.

La plupart de ces voyageurs ignorent le langage, les mœurs, l'organisation, les rapports sociaux et internationaux des peuplades qu'ils vont visiter ; alors même que des résultats déjà acquis dans des explorations précédentes ou des renseignements dignes de foi, leur permettraient de se familiariser, au préalable, avec ces données essentielles. Presque toujours, ils se proposent un point plus ou moins éloigné comme but final de leur entreprise ; et ils y marchent le plus vite possible ; on dirait qu'ils mesurent la valeur de leur œuvre à la rapidité avec laquelle ils réussissent à parcourir la plus grande étendue de terrain dans le moindre espace de temps. Mais, avec un pareil système, on n'acquiert que des notions vagues, incomplètes, superficielles et incertaines sur des pays traversés comme à la vapeur ; ce système expose, en outre, ceux qui le pratiquent à de très grands dangers. Car si la précipitation et l'ignorance sont partout et en toutes choses de très dangereuses inspiratrices, c'est surtout dans les explorations de l'Afrique centrale qu'on a occasion de le mieux comprendre.

L'aveuglement va quelquefois si loin sur ce point capital.

qu'il n'est pas rare de voir un voyageur se plaindre amère-
ment d'avoir été forcé de séjourner quelque temps dans un
endroit quelconque de son itinéraire ; tandis que le lecteur
impartial et éclairé s'aperçoit que si, par exception, cette
partie du récit est surtout intéressante et complète, c'est
précisément grâce au bienheureux contretemps qui n'a pas
permis à l'auteur de traverser cet endroit au vol, comme
tous les autres.

Le public est jusqu'à un certain point complice de cette
grave méprise, lui qui trop souvent apprécie le mérite du
voyageur d'après le nombre plus ou moins grand de kilomètres qu'il a parcourus dans un temps donné.

Ces quelques mots de préambule auront suffisamment préparé mes auditeurs à la question qui fait l'objet de cette
note.

Lorsque, dans la dernière réunion, j'ai dit que l'état d'antagonisme qui divise les populations du Sud — et qui semble un des plus sérieux obstacles au passage des voyageurs
européens — pouvait devenir un moyen de sécurité pour ces
mêmes voyageurs, plusieurs d'entre vous ont dû croire que
c'était là une assertion très hasardée et fort contestable. Cependant, après avoir entendu le petit nombre de développements qu'il était possible de donner séance tenante, l'incré-
dulité a paru diminuer un peu, si je ne m'abuse. Le but de
cette note est de la dissiper entièrement, ce qui ne sera pas
difficile, je l'espère ; la proposition qu'il s'agit de soutenir
étant au fond d'une vérité presque triviale.

Les populations qui font surtout obstacle au voyageur al-
lant du Nord au Sud sont celles qui vivent à la lisière de
l'Algérie et jusqu'aux limites septentrionales du Soudan ; elles sont toutes musulmanes et par conséquent nous sont op-
posées par la religion, la nationalité, le langage, les mœurs
et l'intérêt commercial, tel qu'elles le comprennent aujour-
d'hui. Il n'y a pas en elles un sentiment, pas une aspiration
qui ne nous soit hostile. Si, donc, elles étaient complétement

unies et en entente parfaite sur tous les points, il y aurait certainement chez elles unanimité pour repousser le chrétien. Il ne faudrait alors songer à les pénétrer que par le système employé en ce moment pour ouvrir à l'activité européenne les portes du Céleste-Empire.

Mais il n'en est pas ainsi entre l'Algérie et le Soudan — fort heureusement pour la cause de la civilisation ! — et partout dans l'extrême Sud se reproduit, avec plus d'intensité que dans le Tel, l'antagonisme de tribu à tribu, de ville à ville, de fraction à fraction, de quartier à quartier — souvent même de famille à famille — qui nous a si puissamment aidés à triompher des indigènes. Il a fallu en effet cette confusion anarchique des éléments de résistance locale, pour que la domination française ait pu résister à l'action énergique de cette grande loi qui régit les nations comme les individus et qui veut qu'un corps quelconque tende sans cesse à se débarrasser de toute substance étrangère qui est venue troubler accidentellement son économie naturelle. Or, l'antagonisme qui a si bien servi notre domination servira vos entreprises d'exploration, avec une égale efficacité.

Mais un exemple parait nécessaire pour mieux faire comprendre cet état de choses.

Il y a, aux limites extrêmes de notre Sahara central, deux oasis séparées par une faible distance, Ngoussa et Ouargla, dont l'état d'hostilité immémoriale est célèbre dans ces régions. Mais ce n'est pas assez pour Ouargla d'avoir dans Ngoussa une ennemie séculaire, elle est encore déchirée par des divisions intestines ; et ses trois quartiers (Beni Ouaguin, Beni Sicin, Beni Brahim), toujours en défiance les uns des autres, en viennent très souvent à des luttes ouvertes. Une longue rue, qui se continue de l'une à l'autre des deux premières fractions, conserve à sa partie moyenne, même au temps de paix, les amorces d'une muraille destinée à isoler Beni Ouaguin et Beni Sicin, quand la poudre vient à parler entre eux. On le rebâtit alors à la hâte ; et des murailles semblables, élevées pour le même objet, se retrouvent jusque dans leurs plantations de palmiers. Il en était du moins ainsi il y a une dizaine d'années.

Lorsqu'au mois de février 1854, l'auteur de ce travail visita cette oasis, — et il était le premier européen qui y paraissait — il eut le tort de ne pas régler sa conduite sur cet état des populations ; accepté par les Beni Ouaguin, il crut pouvoir sans préparation parcourir impunément les deux autres quartiers de la même ville. Une tentative d'assassinat, dont il faillit être victime, chez les Beni Brahim, lui fit bien voir qu'il s'était trompé et le rappela sévèrement au code de prudence qui doit régler tous les pas du voyageur chrétien dans ces contrées dangereuses. Car il lui eût été bien facile d'éviter cette désagréable aventure, s'il avait pris la précaution, avant de se hasarder chez les Beni Brahim, de s'appuyer sur un chef qui lui était connu, sur un personnage notable des Chaamba Bourouba qui sont leurs alliés.

Après quelques mésaventures de ce genre, voici le plan de conduite qu'on est amené à se tracer par la force des choses, et les motifs sur lesquels il se fonde.

Dans les pays comme l'Afrique, où les populations sont très morcelées et presque sans droit international, où le pouvoir est généralement faible, où il n'existe ni force publique qui protége les voyageurs, ni justice qui châtie ceux qui les attaquent, les conditions de sécurité manquent ou se modifient presqu'à chaque pas. Nous pouvons aller d'un bout de l'Europe à l'autre sans avoir à nous préoccuper de notre sûreté personnelle : partout, autour de nous, une autorité forte et vigilante veille et écarte soigneusement tous les dangers qui pourraient menacer les personnes ou les biens. Mais, de ce côté de la Méditerranée, dès qu'on a laissé au Nord le terrain soumis à la domination régulière des souverains de la Tunisie, de l'Algérie ou du Maroc, il ne faut plus compter que sur soi-même et résoudre par ses propres moyens et à ses risques et périls, le problème important de la sécurité personnelle. On ne peut y réussir qu'en prenant ses points d'appui dans l'antagonisme même qui semblait un obstacle et qui devient alors un moyen, et en s'appuyant sur les relations d'homme à homme qui suppléent souvent dans ces contrées anarchiques à l'absence d'organisation publique régulière et efficace.

Vous avez atteint, par exemple, la limite extrême du terrain où l'influence d'un chef ou d'un notable vous garantissait contre tous les périls. Un pas de plus en avant, et vous êtes chez des inconnus pour qui tout étranger est un ennemi, surtout s'il est chrétien. Mais ces inconnus pour vous ne le sont certainement pas pour les voisins chez qui vous avez pu arriver ; ils ont des relations ensemble et se visitent entre eux, ne vous hâtez donc pas et sachez vous arrêter jusqu'à ce qu'une occasion se présente de vous lier avec quelque personnage influent de la région pour vous dangereuse ; et, alors, sous ce nouveau patronage, un champ nouveau de parcours s'ouvrira à vos investigations. Si de l'étape où vous êtes parvenu vous préparez toujours ainsi l'étape suivante, vous réussirez à atteindre, sans trop de mauvaises chances, le but que vous vous êtes assigné. Ce que vous perdrez en vitesse vous le gagnerez en sécurité ; et, d'ailleurs, on l'a déjà vu, la lenteur de la marche tourne au profit de l'observation.

Si la population qu'on vous signale comme dangereuse à visiter et que vous voulez visiter cependant, est en proie aux dissensions dont il a été parlé précédemment, vous avez d'autant plus de chance d'y arriver sans péril. Car bien que la force des partis qui divisent les populations méridionales de l'Afrique du Nord se balance assez généralement, il y en a toujours qui sont un peu plus faibles que les autres. Cette infériorité les condamne fatalement à chercher des appuis extérieurs pour ne pas être accablés par leurs adversaires. Si l'on étudie avec soin l'histoire de nos luttes africaines, on reconnaîtra toujours que ce sont des calculs de ce genre qui ont entamé le faisceau des résistances indigènes. La com-

plication des intérêts est telle chez les Sahariens où les
Arabes nomades, les Berbers fixés au sol et leurs alliés de
diverses natures, constituent par le fait de la nécessité les
éléments de cette espèce d'ordre dont l'anarchie elle-même
ne peut se passer, — qu'il faudrait jouer de malheur ou être
bien maladroit pour ne pas trouver moyen de se rattacher à
quelqu'un. Soyez certains que dans cet étrange cahos social,
politique et administratif qui s'appelle là-bas, par habitude,
société, gouvernement, etc., il ne sera pas difficile de trouver
d'utiles points d'appui chez les uns ou les autres.

En définitive, le voyageur ne fera que pratiquer sur une
petite échelle le principe que la France a appliqué en grand
pour soumettre l'Algérie. Ce principe est aussi rationnel et
sera aussi efficace dans le cas restreint qui nous occupe,
qu'il l'a été pour la conquête de ce pays

J'ose espérer qu'après les explications qu'elle vient d'en-
tendre, la *Société historique algérienne* reconnaîtra que l'état
d'antagonisme des peuplades sahariennes signalé dans une
précédente séance, comme un obstacle insurmontable pour
les voyageurs européens, n'oppose pas une barrière sérieuse
aux investigations, et qu'il peut même devenir un gage de sécurité. Le succès est donc probable pour l'explorateur qui
procédera sans précipitation, n'avançant qu'après s'être bien
renseigné sur le terrain qu'il a devant lui et y avoir établi
quelques relations personnelles.

A. BERBRUGGER.

TROISIÈME RAPPORT.

NÉCESSITÉ D'ÉTABLIR DES RÉSIDENTS DANS LE SUD.

Messieurs,

Lagouat et Tougourt ne sont plus aux limites Sud des contrées soumises à nos armes ; une colonne française a pénétré en 1857 jusqu'à Ouargla, dont la description exacte nous avait été donnée déjà par notre honorable président, à la suite de son aventureuse exploration de 1850-1851 (1). Les voyageurs parcourent avec sécurité les espaces qui séparent ces premières oasis ; R'edamès et R'at ont été visitées dans ces derniers temps par deux Algériens, MM. Bonnemain et Bouderba, envoyés par M. le maréchal Randon, qui encouragea des explorations plus lointaines encore.

En effet, après avoir dirigé à diverses reprises des Sahariens sur le Touat, jusqu'à Insalah, il en envoya même à Tombouctou ; une caravane composée d'indigènes du cercle de Lagouat, d'Oulad Naïl, de Larba et de Beni Mzab était allée à R'at ; une seconde fut préparée dont la direction a été confiée à un interprète indigène de notre armée, à M. Bouderba : ce voyage ne s'est effectué qu'en 1858.

____

(1) V. dans l'*Almanach de l'Algérie* (1854), de M. Mac Carthy, la *description de Ouargla*, par M. Berbrugger ; cet article a été reproduit par le journal l'*Akhbar*, n° du 8 janvier 1854.

Les gens du Souf sont en communications suivies avec R'edamès où ils portent des céréales, de l'huile, du beurre, des dattes ; ils pourraient y joindre du cuivre, de la quincaillerie, du corail, des draps, des calicots, si les négociants de Constantine et d'Alger les acceptaient comme intermédiaires ou avaient des succursales de leurs comptoirs à Tougourt et Ouargla.

Depuis plusieurs années, Lagouat a été le point de départ de nombreuses excursions dans tout le pays du Mzab, dont l'administration relève du commandant supérieur du cercle de Lagouat. Si, tout récemment, quelque circonstance, qui nous est inconnue, n'a pas permis à M. Duveyrier de séjourner au point extrême de son voyage, à El Golea, il n'est pas douteux qu'un prochain voyageur trouvera cette ville moins inhospitalière.

Les populations elles-mêmes nous appellent; nous avons vu au commencement de l'année 1856, à Alger, notre khalifa, Si Hamza, accompagné de quatre chefs Touareg. — En 1857, un cheikh des Touareg, Si Othman, est venu à Alger avec plusieurs marchands de R'at qui ont acheté pour 40 à 50 mille francs d'échantillons de nos marchandises. Ces tentatives ont si bien réussi qu'en 1859 nous avons revu à Alger des gens du Touat et des négociants de R'edamès; que des Touareg se sont montrés aux courses de Constantine, et que ces nomades par excellence, convoyeurs de caravanes ou pirates, selon les occasions, recherchent notre alliance et nous offrent d'escorter nos caravanes. Il y a quelques jours à peine, un marchand juif du Touat était encore dans nos murs pour les besoins de son commerce.

La guerre, et, plus tard, la suppression de l'esclavage dans les pays français, ont éloigné des ports algériens les caravanes qui, du centre de l'Afrique, du Bornou et du Soudan occidental, remontent aux rivages de la Méditerranée. Le Maroc, à l'Ouest, Tunis et Tripoli à l'Est, ont vu leurs antiques relations s'augmenter de celles qui se sont éloignées des provinces que nous occupons aujourd'hui. Un gouvernement quelque peu libéral à Tunis, et les efforts du commerce anglais pour monopoliser ces relations à Tripoli et au Maroc, une sécurité relative dans les régences de Tunis et de Tripoli, telles sont les causes des courants aujourd'hui établis à droite et à gauche des possessions françaises.

Mais si notre retard s'explique, il n'est pas moins facile de montrer que nous devons bientôt ramener dans nos ports une partie de ce commerce de l'Afrique centrale. La sécurité est complète chez nous, les caravanes traverseront nos provinces avec une sûreté absolue ; notre influence morale est assise, incontestable jusqu'à R'at, jusqu'au Touat ; la renommée de notre puissance s'étend jusqu'aux rives du Niger.

Lorsque Si Othman fut reçu au palais du gouvernement par le maréchal Randon, il applaudit à l'espoir de voir bientôt au milieu des siens M. Mac Carthy, que Son Excellence lui annonçait devoir se présenter bientôt au Touat comme notre oukil. Nul doute que, sans les dissensions intestines qui sont survenues dans ces oasis, par l'influence de Mohammed ben Abdallah, l'ancien chérif de Ouargla (1), Si Othman nous aurait amené une nouvelle caravane comme il l'avait promis. Les querelles qui se sont élevées dans les oasis n'ont pu qu'occasionner un retard dans la réalisation de ses promesses ; et Si Othman reste toujours parmi les Touareg un partisan dévoué à l'influence française et qui se fortifie de notre appui.

Au Maroc, comme à Tripoli, les caravanes conduisent une

______

(1) D'après les nouvelles les plus récentes, l'influence du prétendu chérif, Mohammed ben Abdallah, s'est fort amoindrie au Touat. La menace faite par nous aux gens de cet archipel d'oasis de leur interdire toute relation commerciale avec les Hameïan et les autres nomades de notre domination a produit son effet, et ils s'appliquent d'eux-mêmes à modérer le trop grand zèle de leur hôte pour la guerre sainte. — *N. de la R.*

marchandise qu'elles ne trouveraient pas chez nous à échanger ; le plus grand commerce des caravanes, c'est la traite : et le principal objet des échanges qu'elles peuvent nous offrir n'est pas accepté par nous.

Les Anglais ont tourné la difficulté : ils continuent à réprouver le commerce des noirs, mais au Maroc et à Tripoli, ils ont associé leurs besoins à ceux des populations au milieu desquelles ils ont établi leurs comptoirs. Sans faire précisément la traite (nos fidèles alliés sont trop stricts observateurs de la *lettre* de la loi pour cela), ils se trouvent avoir leurs intérêts liés à ceux des indigènes qui la font : leurs calicots et leur quincaillerie s'échangent en définitive contre des noirs. C'est ainsi qu'ils absorbent à leur profit le grand trafic des caravanes qui aurait diminué à Tripoli comme à Tunis et en Algérie, si le commerce des noirs ne pouvait s'y continuer.

Nous connaissons les efforts vraiment philanthropiques d'un de nos honorables collègues, M. Ausone de Chancel, pour doter la colonie d'une population nouvelle, aussi nombreuse qu'il serait nécessaire, douce à régir, et laborieuse. Malgré les difficultés politiques qui l'ont entravée jusqu'à ce jour, nous espérons que le dernier mot n'est pas dit sur cette question, et que l'Algérie ne doit pas renoncer à un moyen de peuplement qui lui donnerait une si grande prospérité.

Les Anglais, toujours si attentifs à tout ce qui peut ajouter un débouché aux produits de leur industrie, ont depuis longtemps un consul à Mourzouk ; ils ont récemment créé à R'edamès un consulat dont le titulaire est M. Dickson ; enfin, depuis 1841, ils donnent le titre de résident à un indigène de R'at, à Mohammed ben Hatita. Ces agents ont mission d'adresser aux négociants juifs de Tripoli, sous protection anglaise, les caravanes du pays, parce que ces derniers leur donnent en échange des toiles de coton et de la quincaillerie anglaise.

MM. Barth, Richardson et Overweg nous ont dit de quel

secours Ben Hatita leur avait été lors de leur passage à R'at, combien de services il avait pu leur rendre dans l'organisation de leur caravane, et les renseignements nombreux qu'il avait été à même de leur fournir sur les populations amies ou ennemies qu'ils devaient rencontrer plus loin.

L'organisation dans le présent, en Algérie, de grandes caravanes à destination du centre de l'Afrique serait sans doute prématurée ; ce serait se jeter dans des voies inconnues où le commerce ne suivrait pas l'administration, et où un insuccès — trop probable — compromettrait la question pour bien longtemps. Mais si l'on répétait pendant plusieurs années la tentative, faite sous la direction de M. Bouderba, de petites caravanes partant de Lagouat et de Tougourt pour R'edamès et R'at, il n'est pas douteux que des relations s'établiraient entre ces deux grands marchés de l'intérieur et les postes avancés de notre colonie. Cela serait d'autant plus facile que le marché de R'edamès est très suivi par les tribus de l'Oued Rir' et du Souf et que cette ville relève de la régence de Tripoli. De même, on pourrait envoyer quelque caravane dans une direction plus Sud et plus directe vers Tombouctou, en étendant nos relations avec les villes du Mzab jusqu'aux oasis des Ch'aamba, jusqu'à el-Golea, qui n'est distant de R'ardaïa que de 50 à 60 lieues, et en profitant du voyage de notre savant collègue vers le Touat.

Nous ignorons les projets de M. Mac Carthy ; mais nous croyons que ce voyageur n'aurait pas perdu son temps, si, avant de marcher sur Tombouctou ou tout autre point du Soudan, il faisait un séjour à Insalah ou à Timimoun, la durée de ce séjour dut-elle être d'une ou deux années.

Lorsque M. Mac Carthy poursuivrait sa route, il serait d'un grand intérêt pour lui, pour sa conservation et pour la science, qu'un Français le relevât dans le Touat et y restât tout le temps de son voyage, toujours en quête auprès des caravanes des nouvelles, des succès et des besoins de notre hardi collègue.

C'est ainsi que nous concevrions que le long séjour de quelque voyageur dans une oasis du grand Sahara deviendrait le point de départ de la création d'un poste d'agent du gouvernement français.

On voit que nous arrivons, après un détour assez long, mais nullement inutile, à la question qui fait l'objet de ce rapport.

Donc, nos premiers voyageurs se seraient mis en relation avec les familles influentes du pays, et, sur leurs indications, on serait en mesure de décider la convenance de reconnaitre la qualité consulaire à un indigène, ou d'attacher à l'agent français, comme vice-consul, vice-résident ou interprète, le personnage dont l'intelligence, les relations et l'influence seraient le plus utiles aux intérêts de notre commerce, de la science et de la politique.

Les résidents pourraient, dans certaines circonstances, n'être pas des agents officiels du gouvernement, mais simplement des voyageurs auxquels l'Etat accorderait une subvention qui leur permettrait de prolonger un séjour utile.

Si l'on ne pouvait installer un Français dans ces fonctions, on prendrait, à titre essentiellement provisoire, un indigène influent.

Le résident anglais à R'at, Mohammed ben Halila a été longtemps un agent de l'Angleterre sans traitement : la considération que ce titre lui donnait facilitait ses propres affaires et le grandissait aux yeux de ses compatriotes. Plus tard, un traitement de 1,500 francs lui a constitué une position considérable. A Redamès, nous croyons qu'il faut, dès aujourd'hui, installer un consul français pour contrebalancer l'influence du consul anglais. Dans les positions non visitées jusqu'ici par les Européens, telles que les oasis du Toual, nous pensons qu'il serait plus sage de faciliter à un voyageur notamment à un médecin, les moyens de visiter et d'étudier dans un long séjour, le pays et les habitants, et de ne lui conférer la qualité consulaire qu'après la preuve acquise des bonnes relations qu'il aurait su établir par son caractère et sa science médicale. On éviterait ainsi de donner prise aux objections présentées par les personnes qui craignent que l'insuccès d'un agent nous entraîne à des expéditions militaires onéreuses, compromettantes et, disons-le, presqu'impossibles.

Quoique nous n'ayons pas à nous préoccuper ici de la question financière, il est permis de dire qu'une pareille mission ne coûterait guère plus de 12,000 fr. par an.

Nous croyons que la création de ces postes consulaires est absolument nécessaire pour amener les caravanes du Sud à visiter nos comptoirs, aussi bien que pour protéger celles qui pourraient être organisées chez nous à destination de ces lointaines oasis. Elle n'intéresse pas moins la sécurité de nos futurs voyageurs et le progrès de nos connaissances dans la géographie véritable et exacte de ces contrées.

Sans doute, un voyageur isolé pourra répéter le voyage de Caillié, parcourir à son tour le pays de Haoussa et visiter Sakkatou. Comme Clapperton, plus heureux que Vogel, un nouvel explorateur pourra revenir du Ouadaï ; notre collègue, arrivé à Insalah, y sera moins éloigné et moins isolé que le major Laing; sans doute, des caravanes scientifiques pourront suivre la voie déjà parcourue par les Barth, Richardson et Owerweg. Mais, malgré ces précédents, si rarement heureux, le voyage n'est-il pas aujourd'hui aussi difficile qu'il l'a été aux premiers explorateurs, les chances d'échouer ne sont-elles pas aussi nombreuses qu'il y a vingt années ?

Aller à Tombouctou — ou mieux encore à Kano (1) — par

____

(1) Tombouctou semble jouer à notre époque le rôle des *Etats du prêtre Jean*, il y a quelques siècles. En cherchant ces derniers, — situés, en définitive, dans la région des chimères, — on a trouvé de belles et bonnes réalités. Tombouctou n'est pas la reine du Soudan, comme on l'avait cru d'abord ; mais elle a un nom sonore, étrange et surtout facile à retenir. Il n'en fallait pas plus pour faire rêver et mettre les

un chemin nouveau et revenir, est un problème qui peut tenter un esprit passionné de l'amour des découvertes ; mais la
voie sera-t-elle vraiment ouverte et le chemin rendu plus
facile, parce qu'un voyageur aura heureusement résolu ce
dangereux problème?

L'installation de résidents dans quelques-unes des oasis
des Ch'aamba et du Touat nous paraît au contraire devoir
donner des résultats certains, durables, en permettant à nos
voyageurs de rayonner à l'entour de ces points acquis, avec
une grande sécurité.

Le séjour prolongé d'hommes de science nous donnera non-
seulement la connaissance de ces contrées, longtemps le domaine de la fable, mais l'histoire des peuples qui les occupent ; on pourra par l'étude de leurs langues, aussi bien que
par l'examen comparatif de leurs traditions, essayer de re-
constituer leur histoire et de découvrir les tribus autochto-
nes. — Quelle est l'origine des populations des oasis de la
région centrale du Sahara, de Tafilelt et Redamès aux états
de la Nigritie? — Que sont les Touareg, cette population
blanche, descendance des Libyens, peut-être. Dans les autres oasis, telles que le Fezzan, R'at, le pays d'Aïr, le Touat,
etc., etc., nous admettons une race berbère, identique aux
populations kabiles ; cela est vraisemblable, mais combien de
témoignages ne reste-t-il pas encore à recueillir ? — Dans
les oasis de la zone orientale, aux Tibbous, est-il exact de
dire que la race berbère a subi l'influence des habitants du
Nil supérieur? Comment s'est effectué le mélange? A quelle
époque s'est-il opéré?

Ces études, qui ne peuvent être faites avec fruit que sur
place, par des hommes ayant acquis une connaissance parfaite des langues et du mode d'existence actuelle de ces peu-

---

imaginations en émoi.

Dans le fait, Kano, dont personne ne parle, est la véritable
cité sultane de l'Afrique centrale.   (*N. de la R.*)

ples, ne sont praticables qu'à la condition d'une résidence pro-
longée.

Nos résidents seraient à même de reconnaître bientôt s'il
y a en effet danger d'exciter la jalousie des Touareg, en or-
ganisant dès aujourd'hui des caravanes algériennes. Ces
dangers et les services qu'ils auraient à nous rendre ne seraient pas moindres pour ce qui concerne les encouragements
et la protection qu'ils assureraient aux caravanes de l'Afrique centrale qu'ils devraient chercher à attirer vers nous, en
réussissant à les convaincre de notre loyauté et de notre bonne foi, en leur disant bien que jamais elles n'auraient à re-
douter chez nous les avanies auxquelles elles sont exposées
de la part des pachas dans les pays musulmans ; enfin, en
faisant comprendre à ces populations que nous sommes une
nation riche, grande et puissante dans la paix comme dans la
guerre.

Le conflit de l'Espagne avec le Maroc, et les troubles sur-
venus à la mort de l'empereur Abd er Rahman, ont ajouté
aux dangers des caravanes qui chaque année traversent l'em-
pire du Magreb, et que, malgré la politique anglaise, la rapa-
cité des souverains dépouille du plus net de leurs bénéfices,
par l'imposition de droits élevés.

La sécurité serait, au contraire, absolue sur notre territoire ; et, certes, quand notre industrie est assez forte pour
permettre au gouvernement d'ouvrir nos frontières aux produits des manufactures anglaises, il n'est pas à craindre que
nous maintenions une ligne prohibitive le long du désert
pour nous protéger contre la concurrence des produits d'une
industrie primitive ou contre des produits européens qui tente-
raient d'arriver sur nos marchés par un détour si considérable (1). Les caravanes du centre de l'Afrique arriveront donc,

____

(1) M. Cocquerel s'exprimait ainsi le 8 mai ; et à un mois
environ de là, le 25 juin, un décret impérial inséré au *Moniteur* du 9 juillet, en supprimant la ligne prohibitive du Sud,
réalisait le vœu formulé par notre honorable collègue. — *N.
de la R.*

nous l'espérons, exemptes de tous droits d'entrée, et l'autorité actuelle n'hésitera pas plus que M. le maréchal Randon à accorder des primes aux premières caravanes soudaniennes qui se présenteront sur nos marchés, et qui retourneront dans leurs tribus pour exalter la supériorité de la protection française sur le joug brutal du gouvernement ottoman.

L'impôt est au Fezzan, comme dans tous les pays où règne encore le vieux régime turc, une véritable spoliation. En 1842, le Fezzan s'en trouvait affranchi et était indépendant sous le gouvernement d'Abd el Djelil, qui offrait à la France de diriger toutes les caravanes du Soudan vers Constantine, si nous voulions l'aider dans sa résistance au pacha de Tripoli.

Cette situation peut renaître : le fils d'Abd el Djelil, Mohammed qui règne aux Tibbous, a contre les Turcs une haine irréconciliable ; jamais il ne leur pardonnera l'assassinat de son père ; plutôt que de vivre sous leur domination, il a abandonné le Fezzan et les immenses domaines qu'y possédait sa famille, pour aller fonder aux Tibbous, auprès d'un oncle, marabout célèbre, une nouvelle principauté. Le but constant de ses vœux et de ses efforts est de se rendre assez puissant pour se venger dans Tripoli même. Les habitants les plus riches et les plus influents de R'edamès sont des Oulad Soliman, dont la tribu tout entière a suivi le fils d'Abd el Djelil dans sa retraite aux Tibbous. La puissante tribu des Oulad Soliman est venue de l'intérieur de l'Afrique, où elle reconnaissait pour souverains les aïeux d'Abd el Djelil ; c'est sous la conduite d'un membre de cette famille qu'elle vint, il y a plus d'un siècle, s'établir dans le pays de la Syrte ; son histoire, depuis cette époque, n'est qu'une longue série de luttes contre les Turcs, au joug desquels ils n'ont jamais voulu se soumettre. Ce serait sans doute parmi cette fraction des habitants de R'edamès, que l'agent français trouverait le plus de sympathies, et ceux avec lesquels nos voyageurs auraient les relations les plus bienveillantes.

Si le courant des caravanes soudaniennes se détournait un jour de Tripoli pour prendre le chemin de Constantine, nous verrions peut-être se réaliser une partie des vœux émis par notre collègue, M. de Chancel.

Nous savons que les différents peuples de la Nigritie, et principalement ceux qui habitent les bords du lac Tchad, sont presque toujours en guerre les uns contre les autres. Le but de ces guerres continuelles est de faire des prisonniers qui, transportés par les caravanes, viennent alimenter les marchés d'esclaves dans les Etats barbaresques.

Il arrive souvent, à la suite de ces guerres, que des familles persécutées, que des tribus entières ne se sentant pas assez fortes pour résister à leurs ennemis, émigrent sous la protection de grandes caravanes et viennent dans les Etats barbaresques fonder de petites colonies.

Un ingénieur français, M. Subtil, qui a passé 4 à 5 années dans la régence de Tripoli et dans le Fezzan, qui s'était lié d'une grande amitié avec le sultan Abd el Djelil, et qui lui avait servi d'intermédiaire auprès du gouvernement français, nous apprend que les régences de Tunis et de Tripoli furent toujours l'asile que choisirent ces émigrants. Dans le Sud de la régence de Tunis, se trouvent plusieurs villages fondés par des nègres venus du Soudan. Ces établissements sont plus nombreux encore dans la régence de Tripoli. On compte dans la Cyrénaïque plus de 20 villages fondés par des noirs de l'Afrique centrale. La province de Taverga est presque entièrement habitée par eux ; enfin on en trouve jusqu'aux portes de Tripoli. Les habitants de chaque village forment une espèce de communauté sous la direction de quelques marabouts qui sont à la fois leurs chefs au temporel et au spirituel.

En Algérie, il conviendrait de leur donner pour chefs, à leur arrivée, des missionnaires, des pères de quelques congrégations religieuses qui les convertiraient aussi facilement du culte des fétiches au christianisme que les marabouts les convertissent à l'islamisme.

Ces petites tribus qui nous seraient attachées par la religion se rallieraient bien vite à notre puissance ; les bataillons indigènes y trouveraient de solides et fidèles recrues. Ce n'est point à vous, Messieurs, qu'il est nécessaire de rappeler que les Aglabites comme les Edrissites ne réussirent à conserver le pouvoir au milieu des séditions continuelles des Arabes qu'en leur opposant des noirs achetés au Bornou et au Soudan, à qui ils confièrent la garde de leur personne. Au Maroc, la garde noire est le plus solide appui des empereurs, le corps sur lequel ils peuvent le plus compter. C'est qu'on trouve chez les noirs une fidélité qui ne peut se concilier avec l'esprit turbulent des Arabes. La colonie gagnerait des travailleurs acclimatés, pour lesquels nos défrichements seraient sans dangers et entre les mains desquels nos terres acquerraient une fécondité nouvelle.

Je résume, Messieurs, ces trop longues pages. Deux routes suivies par les caravanes doivent aboutir en Algérie : l'une qui dessert le Darfour, le Bornou, le bassin du lac Tchad par R'at, R'edamès, Tougourt ou Ouargla ; l'autre qui dessert le Niger, qui mettra l'Algérie en communication avec le Sénégal, par Tombouctou, le Touat, Golea, le pays du Mzab et Lagouat.

Il faut éclairer ces deux routes en les jalonnant de postes consulaires. Nous soumettons à votre appréciation la convenance d'avoir dans l'Est, à R'edamès déjà fréquenté par nos tribus de l'Ouad Rir et du Souf, et à R'at deux résidents ou agents consulaires ; et, plus directement en communication avec le centre de nos possessions, avec Lagouat et Alger, deux résidents : l'un à Golea, chez les Chaamba ; et l'autre dans une des Oasis du Touat, à Timimoun ou à Insalah.

Alger, 8 mai 1860.

A. COCQUEREL.

CONCLUSIONS.

Les rapports rédigés par MM. Vayssettes, Berbrugger et Cocquerel sur cette grande question sont publiés tous les trois ; il ne reste plus qu'à en déduire les conséquences logiques. Aux conclusions particulières données par M. Vayssettes à la suite de son travail (V. page 38, note 1), et que nous avons cru devoir transporter ici, à leur véritable place, nous ajouterons celles d'ensemble émanées plus directement de la Société qui, du reste, a sanctionné les unes et les autres de son vote et les a ainsi rendues siennes, dans sa séance du 6 juillet dernier.

Reproduisons d'abord les conclusions rédigées spécialement par M. Vayssettes :

« En considérant le premier de nos tableaux, vraie liste mortuaire, on voit que sur onze voyageurs isolés, trois seulement atteignent le but ; et que, des huit autres, trois périssent assassinés et cinq succombent aux fatigues et aux maladies inhérentes à de semblables entreprises, sous un ciel aussi meurtrier.

« Si nous étions donc appelé à faire l'inventaire des qualités acquises pour réussir dans une entreprise isolée, nous placerions en première ligne : *une constitution robuste*.

« Mais quelque vigoureux que soit le tempérament, il ne saurait seul faire braver les chaleurs tropicales et les maladies qu'engendre une température si différente de la nôtre. Une *acclimatation préalable* est donc nécessaire.

« Ainsi, les courses faites antérieurement par le Dr Barth, en Algérie, en Tunisie et dans la Tripolitaine, l'ont admirablement préparé à la rude entreprise d'un voyage dans l'Afrique centrale.

« Les qualités morales ne sont pas moins essentielles : à une vocation réelle, pour sa mission, il faut joindre *un courage* à toute épreuve, *une fermeté* digne en toute occasion ; beaucoup de *patience* au milieu des lenteurs africaines ; *la résignation* dans le malheur, *la perspicacité* qui met souvent en défaut les intrigues ourdies par la malice, *la présence d'esprit* qui, par un simple mot ou un simple acte, nous gagne les masses et tourne souvent à la confusion de leurs auteurs les dangers qu'ils croyaient avoir accumulés sur notre tête ; enfin une confiance sans bornes dans la Providence divine.

« Parmi les connaissances acquises, celles qui paraissent les plus indispensables sont : la connaissance parfaite de la langue et des mœurs du peuple arabe, de leur histoire, de leur religion et de la nôtre aussi, pour pouvoir discuter avec avantage sur les questions théologiques qu'ils ne manqueront jamais de vous poser, des formules de politesse usitées auprès des grands, et aussi les notions acquises sur les familles qui gouvernent ces pays, sur leurs influences diverses et le parti que l'on peut en tirer. Je ne parle pas des connaissances générales, scientifiques, commerciales et autres que doit posséder tout voyageur qui veut rendre son œuvre utile à son pays et profitable pour l'humanité entière. Le voyageur fera bien d'emporter quelques manuscrits qu'il distribuera à l'occasion. Auprès de certains indigènes très influents, c'est le plus agréable cadeau qu'il puisse faire.

« Quant à la partie matérielle, au bagage proprement dit, il doit être aussi léger que possible : quelques effets pour l'usage personnel, un certain nombre de cadeaux pour les chefs, le moins possible d'instruments de physique dont l'usage a le très grave inconvénient de se lier dans l'esprit des indigènes à l'idée de sorcellerie ; quelques armes de petit modèle et une monnaie d'échange qui ait cours dans le pays, paraissent devoir suffire.

« Car deux écueils sont ici à éviter : d'un côté on doit chercher à ne pas exciter par trop de luxe et un grand étalage de marchandises la cupidité des indigènes, voire même de ses propres guides, dont la foi jurée ne serait pas toujours une garantie suffisante contre la tentation de la convoitise ; de l'autre, un déploiement trop ostensible d'instruments inconnus peut faire naître dans l'esprit de ces barbares, déjà trop portés au merveilleux, des craintes superstitieuses qu'on peut, il est vrai, exploiter quelquefois à son profit, mais qui le plus souvent tournent au détriment du voyageur qui est toujours suspect, par cela seul qu'il est étranger et surtout infidèle (*kafeur*).

« Ici se présente une question fort importante. Le voyageur isolé doit-il, à l'exemple de Réné Caillié, endosser la livrée mahométane et se faire passer pour un pieux et fervent sectateur de l'Islam ? Nous n'oserions le conseiller. Pour jouer un tel personnage, il faut être bien sûr de son rôle, bien maître de toutes ses actions, et si nous avons vu le docteur Barth lui-même forcé un instant de dissimuler sa foi et sa nationalité pour ne pas exciter des méfiances très hostiles, nous croyons qu'il vaut mieux, comme ce dernier, et comme la plupart des autres voyageurs, conserver son véritable caractère d'étranger. Mais alors, soit que l'on voyage en son nom privé, soit que l'on se donne comme le représentant d'une nation européenne, on ne saurait trop s'entourer de recommandations, surtout de chef à chef et de proche en proche. L'hôte envoyé par un ami a été de tout temps un être sacré, même chez les peuples les plus barbares. Un firman du sultan de Constantinople serait peut-être la meilleure sauvegarde auprès de ces despotes qui, bien que ne relevant en aucune façon du gouvernement turc, reconnaissent pourtant la suprématie religieuse de celui qui est regardé par eux comme le successeur des kalifes.

« Il va sans dire qu'on s'abstiendra soigneusement de toute parole et de tout acte qui pourraient sembler irrévérencieux à l'endroit de la religion locale. La même réserve est nécessaire en ce qui touche l'article des femmes, surtout chez les peuplades musulmanes.

« Si des voyageurs isolés, nous passons aux explorations entreprises en commun et sur une grande échelle, nous voyons d'après le tableau B, que la plus grande cause d'insuccès a été la mauvaise composition du personnel. Ce fut un grand tort d'abord de n'employer dans ces sortes d'expéditions, que des Européens. Si la plupart de ces hommes d'élite, de ces hommes d'énergie et de foi, tous dévoués à la mission glorieuse qu'ils s'étaient volontairement imposée, ont succombé avant d'avoir pu atteindre le but, que pourrait-on attendre de soldats, d'ouvriers, de serviteurs, de mercenaires enfin, capables sans doute de combattre un ennemi en face, de protéger les bagages contre la rapine, mais impuissants contre ces deux ennemis si dangereux : les fièvres endémiques et l'affaissement moral. Aussi, tout ce personnel, aux premières atteintes de la maladie, loin d'être un auxiliaire utile pour les chefs de l'expédition, devenait bientôt un véritable sujet d'embarras, et presque de découragement. Si nous avons vu un de ces serviteurs à gages s'élever par son admiration pour son maître, par ses vertus personnelles, à la hauteur des circonstances où le sort l'avait engagé, si Richard Lander a pu continuer et mener à bonne fin la mission glorieuse que Clapperton lui légua en mourant, il est le seul exemple de ce genre, et il serait téméraire d'espérer en trouver un autre.

« Aussi, mieux inspirées, profitant surtout des leçons de l'expérience, voyons-nous les dernières expéditions s'entourer le moins possible d'Européens, et ne prendre pour escorte que des gens du pays dont il faut acheter, sans doute, la protection par de nombreux cadeaux, dont il faut surveiller sans cesse les mouvements, épier les démarches,

suspecter la bonne foi, épouser même les querelles de par-
tisans ; qui vous excèdent souvent par des lenteurs interminables ; mais qui enfin vous conduisent au but.

« Un point qui nous paraît important dans le choix des
guides, ce serait de ne prendre autant que possible, que des
hommes ayant des intérêts réels, commerciaux ou de famille, dans les pays qui nous sont soumis. Ainsi, le
voyageur qui partirait de l'Algérie, ne devrait donner sa
confiance qu'à quelque marchand dont la position fût parfaitement assise. Dans nos oasis du Sud il serait facile de
rencontrer un tel homme, et sa responsabilité, loin d'être
purement nominale, se trouverait très réellement engagée à
ses yeux, du moins ; car il pourrait craindre d'être atteint
par le gouvernement français, dans ses biens ou sa famille.

« Le point de départ, nous l'avons dit plus haut, pour nos
expéditions futures, est à peu près fixé d'avance. Mais si
nous connaissons aussi le point d'arrivée qui, pour les voyageurs algériens, doit être St-Louis, il n'est pas indifférent
d'étudier l'esprit des populations que l'on peut trouver sur
son parcours. Telles sont favorables aux étrangers, telles
sont hostiles. De là, certaines modifications à apporter dans
son itinéraire.

L'histoire du passé peut nous être en ceci d'un grand enseignement.. De Tombouctou au Sénégal s'étend un vaste
territoire occupé par les Oulad-Mbarek, dont le meurtre du
major Houghton et la dure captivité de Mungo Park, nous ont
appris à connaître la perfidie et la cruauté. Peut-être serait-il téméraire d'aller réveiller de tels souvenirs, à moins
qu'on ne fût assez fort pour en demander satisfaction. La
route plus au Sud par Waoura et le royaume de Kasson, pour
de là atteindre Médina, sur le Sénégal, et descendre le cours
de ce fleuve jusqu'à St-Louis, a offert jusqu'ici, du moins
dans celles de ces parties qui ont été explorées, moins de
dangers aux voyageurs. Un autre essai serait à tenter ; ce serait de contourner au Nord le territoire des Oulad-Mbarek,

en poursuivant sa route à travers le Désert jusqu'à St-Louis. Cette partie n'a point encore été explorée et peut-être vaudrait-il mieux s'en rapporter à la bonne foi un peu coûteuse des pillards du Désert, qu'à la perfidie des habitants de Jarra.

« Nous avons vu deux expéditions entreprises de concert avec les hommes de la science et les hommes du négoce. La première, conduite par R. Lander (3ᵉ voyage), a échoué faute d'union de la part des associés ; la seconde, montée sur la *Pléiade*, a parfaitement réussi. C'est un essai qui peut être facilement renouvelé et qui peut offrir de grandes chances de succès, si d'ailleurs l'opération est conduite avec prudence et entente.

« Une dernière cause de réussite, mais qui est tout-à-fait éventuelle, parce qu'elle tient au caractère même des individus qui peuvent en atténuer à leur gré les salutaires effets, c'est la protection assurée et l'appui intelligent que l'on peut trouver auprès de certains chefs, comme ceux dont Denham et Barth nous ont transmis les noms. Aux voyageurs qui auront le bonheur de rencontrer sur leurs pas de tels auxiliaires, nous ne pouvons que prédire pleine et entière réussite. Mais un chef ne lègue à son fils que son titre et son autorité : rarement celui-ci hérite de ses capacités et de ses vertus. C'est un point qu'il ne faut donc faire entrer en ligne de compte, qu'au titre d'enjeu soumis aux chances aléatoires que peuvent amener la mort des chefs ou les changements de dynastie.

« Il me reste à vous entretenir, Messieurs, d'une dernière question, celle des finances. Nous avons vu déjà combien avaient été dispendieuses les premières expéditions entreprises en commun. Celle de Mungo-Park (2ᵉ voyage) avait coûté 1,250,000 francs à l'Angleterre, et les trois qui suivirent, celles de Tuckey, de Peddie et du major Gray, n'absorbèrent pas moins de vingt millions de francs ! Voici maintenant ce que nous lisons dans Richardson (*Voyages dans le Grand Sahara*, tome 2ᵉ, pages 480 et 481) :

« Toutes mes dépenses, y compris mes domestiques, les
« chameaux, les provisions, les tentes, les costumes maures-
« ques, etc., ne dépassent certainement pas 50 à 56 livres
« sterling (1,250 à 1,400 fr.). Sur cette somme, il y en a eu
« la moitié environ de donnée en cadeaux, soit aux différents
« chefs, soit à divers particuliers. J'espère donc qu'on ne
« m'accusera pas d'avoir manqué d'économie dans mes ex-
« péditions sahariennes, surtout si l'on observe que l'expé-
« dition de MM. Lyon et Ritchie, dont le voyage ne s'étendit
« pas aussi loin au Sud que le mien, qui ne pénétrèrent pas
« au cœur du Grand-Désert, comme je l'ai fait, a coûté au
« gouvernement 3,000 livres sterling (75,000 fr.). Et cepen-
« dant le capitaine Lyon observe que, sans une somme sup-
« plémentaire, il n'eût pu songer à s'avancer au-delà du
« point qu'il avait atteint et qu'en conséquence, il revint sur
« ses pas.

« Maintenant, si quelqu'un m'adressait ces différentes de-
« mandes : vos dépenses ont-elles été suffisantes? Avez-vous
« fait face à tous les besoins indispensables? Pouvez-vous
« avec assurance recommander à d'autres voyageurs de sui-
« vre votre exemple ? A toutes les trois, je répondrais : *non*.
« Une tournée comme celle que j'ai faite, pour être exécutée
« comme il faut, bien que par un seul individu, devrait coû-
« ter au moins 100 l. st. (2,500 fr.). »

« D'un autre côté, nous lisons dans la relation du docteur
Barth (tome 5, p. 454) :

« Les dépenses occasionnées par l'ensemble de nos ex-
« plorations, y compris le paiement des dettes laissées par
« la précédente expédition, et 200 livres sterling (5,000 fr.)
« que j'ai dû ajouter de ma poche aux sommes qui m'ont été
« remises par le gouvernement, se sont élevées à la somme
« de 1,600 l. sterl. (40,000 fr.). »

« Si on compare les résultats obtenus dans les premières
et les dernières expéditions avec les sommes dépensées, on
serait presque en droit d'en conclure que les moyens pécu-

niaires mis à la disposition des explorateurs entrent pour
bien peu en ligne de compte dans la réussite de pareilles entreprises. Toutefois, il faut remarquer que, s'il existe un si
grand écart entre les unes et les autres, cela tient surtout à
l'emploi d'un personnel européen nombreux dans les premières expéditions, personnel doublement impropre et très-coû-
teux, qui a été remplacé fort avantageusement dans les explorations ultérieures, par des guides et des escortes indigènes.

« En somme, nous ne saurions mieux faire pour juger cette
question, que de nous en rapporter au sentiment même de Richardson, et surtout à celui du docteur Barth, qui, plus que
le premier encore, a été à même d'en apprécier la valeur. »

Ainsi que nous l'avons dit précédemment, la *Société historique algérienne* s'est prononcée, dans sa réunion du 6 juillet
dernier, sur l'ensemble de la question relative au meilleur
mode d'exploration de l'Afrique centrale. Voici l'extrait des
procès-verbaux qui se rapporte à cette partie de la séance :

1° *Convient-il, avant d'organiser une grande caravane algérienne à destination du Soudan, d'échelonner des résidents
sur les routes principales, et, dans le cas de l'affirmative,
quelle doit être leur nationalité et où doit-on préférablement
les placer ?*

La Société est d'avis que l'installation des résidents doit
précéder toute grande entreprise française dans l'Afrique
centrale ; elle pense que ces résidents doivent être français
avec adjonction d'un personnage indigène influent, s'il y a
lieu, comme drogman, khodja ou sous tout autre titre ; mais
avec une position subordonnée.

Dans le principe, il conviendrait que les résidents fussent
des voyageurs en mission (des médecins s'il est possible),
sans caractère diplomatique et libres, en apparence du moins,
de toute attache officielle.

Les points d'installation à pourvoir d'un résident le plus
tôt possible sont R'edamès, R'at et une des oasis du Touat.

2° Les explorations individuelles sont-elles à encourager ?

Sans aucun doute, quand elles sont entreprises par des explorateurs qui offrent toutes les garanties énumérées dans les conclusions rédigées par M. Vayssettes. Les résidents, dont on propose la création, ne sont au fond que des voyageurs de cette classe. N'eussent-ils pas ce caractère, qu'on devrait s'estimer heureux de les voir entrer volontairement dans une aussi noble et utile carrière. Des hommes courageux, intelligents et instruits comme M. Henri Duveyrier, par exemple, qui parcourt en ce moment le pays des Touareg, ou comme M. Mac Carthy qui se prépare à parcourir la même carrière, sont de précieux auxiliaires qu'on ne saurait trop encourager.

Quant aux aventuriers proprement dits qui n'ont rien de ce qui est nécessaire — au moral du moins — pour que leurs entreprises profitent à la science, au commerce et à la civilisation, il est regrettable qu'on ne puisse pas toujours les retenir, car ils compromettent trop souvent le nom européen, sans aucune compensation appréciable.

3° L'exploration collective étant adoptée comme la combinaison préférable, quel devra être son mode d'organisation ?

Sous le rapport de la composition, elle ne devra compter en fait d'Européens que le personnel scientifique indispensable. Ce personnel devra se composer de jeunes gens instruits dans chacune des branches d'études, lesquels seront tous placés sous les ordres du chef de la mission qui les aura choisis, nommés, et qui sera leur intermédiaire obligé pour le traitement et les rémunérations.

Les motifs de cette combinaison très essentielle ont été exposés dans l'introduction par M. Berbrugger qui en a fait la proposition.

Les précautions recommandées par le même membre dans son rapport, en ce qui concerne la marche progressive d'un voyageur isolé sont applicables à une exploration collective. On devra rechercher avec soin pour celle-ci le concours plus ou moins intéressé d'une tribu ou fraction de tribu no-made de notre extrème Sud.

Pour ce qui est du matériel et du bagage à emporter, et pour toutes les autres questions secondaires, la Société s'en réfère aux sages conclusions de M. Vayssettes, qu'elle adopte entièrement.

En somme, la Société est d'avis qu'il faut préparer, par l'installation de résidents sur les points indiqués plus haut, toute grande entreprise que l'on voudrait faire dans l'inté-rieur de l'Afrique ; et elle pense que le mode collectif d'exploration, tel qu'il a été défini précédemment, est le meilleur que l'on puisse employer. Ces conclusions dictées par une expérience bien chèrement acquise, sont inscrites d'ailleurs à chaque page de la narration des voyages afri-cains que notre collègue M. Vayssettes a si intelligemment analysés. Elle ne sont après tout que la conséquence logique des faits accomplis.

Au reste, en formulant une opinion motivée, la Société a eu surtout en vue d'appeler l'attention publique sur ce sujet dans la colonie, de stimuler les vocations latentes et de fournir, sous un très petit volume, toute les notions essen-tielles sur la matière, notions éparses dans des nombreux ouvrages d'un prix généralement élevé. Si elle réussit par cette publication à éclairer et à assurer la marche des voyageurs déjà en voie d'exploration et à en susciter de nou-veaux, le but qu'elle s'était proposé sera complétement at-teint.

Pour la *Société historique algérienne*.

Le président,

A BERBRUGGER.

NOTE SUPPLÉMENTAIRE

Quelques observations nous ont été adressées soit sur le texte des rapports tels qu'ils ont été publiés par l'*Akhbar*, soit sur quelques-unes des notes qui l'accompagnent. Ces observations ont été prises en considération : une de ces notes a été modifiée de manière à rectifier l'erreur qu'elle énonçait par suite d'un vice de forme dans l'expression ; une autre a été supprimée, comme pouvant donner lieu à une interprétation désagréable pour un honorable tiers et qui n'était pas dans la pensée de la rédaction. Elles ne se retrouveront donc pas dans le tirage à part.

Une dernière observation porte sur l'expression : *fanatisme religieux*, accolée dans le tableau A au nom du major Laing, qui préféra la mort à l'apostasie (*v. p.* 40). Un correspondant réclame contre cette désignation de l'acte héroïque et infiniment honorable du voyageur anglais. Il y a ici un malentendu évident : ce n'est pas à la victime, mais bien à ses meurtiers que M. Vayssettes rapporte ces deux mots. Ayant à résumer sa pensée le plus brièvement possible dans une colonne de tableau, il ne pouvait étendre sa phrase de manière à prévenir toute amphibologie ; il ne devait pas songer d'ailleurs un seul instant que l'épithète pût s'appliquer à d'autres qu'aux musulmans qui ont assassiné le major Laing par *fanatisme religieux*.

Burnous.
Pantalons de drap rouge.
Robes fines de cotonnade anglaise.
Turbans.
Couteaux.
Ciseaux.
Piastres d'argent.
Mouchoirs de France.
Filières de corail.
Epices.
Boutons en chrysocale.
Draps bleus, rouges, jaunes.
Parasols.
Cannes à pomme d'or.
Briquets, allumettes phosphoriques.
Rassades.
Verroteries de couleurs.
Chaînes en chrysocale.
Toiles peintes.
Porcelaines.
Instruments de musique.
Miroirs.
Tapis.
Caftans.
Châles.
Tobes.
Foulards.
Rasoirs.
Fusils,   ⎰ avec leur accessoires en poudre, plomb,
Pistolets, ⎱   poires à poudre, etc.
Livres arabes.
Papier.
Articles de mercerie et de l'industrie parisienne.
Fusées, etc.

www.ingramcontent.com/pod-product-compliance
Lightning Source LLC
Chambersburg PA
CBHW071329030726
47594CB00002B/605